Mohamed Zellagui

Systèmes de Protection au Réseau de Distribution

AF125563

Mohamed Zellagui

Systèmes de Protection au Réseau de Distribution

Application aux Étages 10 et 30 kV

Presses Académiques Francophones

Impressum / Mentions légales

Bibliografische Information der Deutschen Nationalbibliothek: Die Deutsche Nationalbibliothek verzeichnet diese Publikation in der Deutschen Nationalbibliografie; detaillierte bibliografische Daten sind im Internet über http://dnb.d-nb.de abrufbar.

Information bibliographique publiée par la Deutsche Nationalbibliothek: La Deutsche Nationalbibliothek inscrit cette publication à la Deutsche Nationalbibliografie; des données bibliographiques détaillées sont disponibles sur internet à l'adresse http://dnb.d-nb.de.

Coverbild / Photo de couverture: www.ingimage.com

Verlag / Editeur:
Presses Académiques Francophones
ist ein Imprint der / est une marque déposée de
OmniScriptum GmbH & Co. KG
Heinrich-Böcking-Str. 6-8, 66121 Saarbrücken, Deutschland / Allemagne
Email: info@presses-academiques.com

Herstellung: siehe letzte Seite /
Impression: voir la dernière page
ISBN: 978-3-8381-7957-5

Table des Matières

Chapitre IV: Recherche et Identification de Défaut de Câble

Chapitre V : Résultats Expérimentales et Validations

Abréviations

Indice	Mot clé	Unité
BT	Basse tension	A
HT	Haute tension	V
MT	Moyenne tension	V
kV	Kilo Volt	kV
TC	Transformateur de mesure de courant	-
TT	Transformateur de mesure de tension	-
JB	Jeu de barre (nœud)	-
l	Longueur de la ligne ou câble	km
R_L	Résistance de la ligne ou câble	Ω/km
L	Inductance de ligne ou câble	H
L_1, L_2, L_o	Réactance directe, inverse et homopolaire	H
$X_L = L.\omega$	Réactance de la ligne ou câble	Ω/km
C	Capacité de la ligne ou câble	F/km
X_1, X_2, X_o	Réactance directe, inverse et homopolaire	Ω
R_1, R_2, R_o	Résistance directe, inverse et homopolaire	Ω
$Z_L = R_L + j\,X_L$	Impédance de la ligne	Ω/km
R_t	Résistance de terre	Ω
R_f	Résistance de défaut	Ω
S	Section de la ligne ou câble	mm^2
I_n	Courant nominal	A
U_n	Tension composé nominale	V
I_{max}	Courant maximal	A
I_{cc}	Courant de court-circuit	A
$I_{cc.min}$	Courant de court-circuit minimum	A
$I_{cc.max}$	Courant de court-circuit maximum	A
V_1, V_2, V_o	Composantes symétriques de tension	V
I_1, I_2, I_o	Composantes symétriques de courant	A
U_{cc}	Tension de court-circuit d'un transformateur	%
a	L'opérateur égale $1\angle 120°$	-
I_{phase}	Courant de réglage phase	A
I_{homp}	Courant de réglage homopolaire	A
t	Temporisation	sec
R	Rapide	sec
$1L$	Première lent	sec
$2L$	Deuxième lent	sec
T	La terre	-

Symbole Graphiques

Symbole	Mot clé
	Ligne ou câble triphasé
	La terre
	Arrivée MT
	Départ MT ou BT
	Court-circuit
	Disjoncteur
	Interrupteur fusible
	Transformateur de puissance
	Fusible
	Transformateur de courant
	Transformateur de tension (potentiel)

Introduction Générale

Les investissements humains et matériels affectés aux réseaux électriques sont énormes. Pour cela, le réseau électrique doit répondre à trois exigences essentielles : stabilité, économie et surtout continuité du service.

Les lignes et les câbles de distribution d'énergie électrique moyenne tension constituent une partie essentielle d'un réseau électrique qui doit assurer la continuité de l'alimentation en électricité aux consommateurs MT et BT. Ce qui n'est pas toujours le cas, car ces lignes sont souvent exposées à des incidents ou défauts qui peuvent interrompre ce service et engendrer des pertes financières importantes pour les industriels et des désagréments pour les simples consommateurs.

Depuis l'entrée sur le marchée des relais numériques programmables ces quinze dernières années, pour la protection électrique, plusieurs algorithmes ont été développés afin de rendre ces relais plus performants aussi bien sur leur rapidité de fonctionnement que sur leur précision.

Pour cela le sujet traité dans ce mémoire s'intéresse à une étude réelle effectuée pendant une année au niveau de Groupe Sonelgaz, Société de Distribution de l'Electricité et du Gaz de l'Est (S.D.E), Direction de la Distribution de Constantine.

Notre travail consiste à une étude complète sur le réseau de distribution moyenne tension 30kV et 10 kV au réseaux électrique moyenne tension de Constantine, en injectant plusieurs types des défauts afin de déduire le degré de performance et la fiabilité des seuils de réglage des relais de protections et les différents méthode de localisation des défauts de câble MT.

Le présent de livre structuré comme suit :

- Le premier chapitre traite de l'architecture des réseaux électrique de distribution,
- Le deuxième chapitre étudie les équipements de protection des réseaux électriques,
- Le troisième chapitre traite des différents types des protections électriques,
- Dans le quatrième chapitre, il est question des techniques de recherche de défauts de câble,
- Dans le dernier chapitre, on présente les discussions des différents résultats des essais réalisés.

Chapitre I
Architecture des Réseaux Electriques de Distribution

I.1) - Introduction

Le principe du réseau de distribution d'énergie électrique c'est d'assurer le mouvement de cette énergie (active ou réactive) en transitant par des lignes ou câbles électrique MT (30 et 10 kV) et entre les différents postes de livraison (postes sources HT/MT) et les consommateurs BT (400/230 V) [1].

L'architecture d'un réseau de distribution électrique moyenne tension (MT ou HTA) est plus ou moins complexe suivant le niveau de tension, la puissance demandée et la sûreté d'alimentation requise.

Selon la définition de la Commission Electrotechnique Internationale (CEI), un poste électrique est la partie d'un réseau électrique, située en un même lieu, comprenant principalement les extrémités des lignes de transport ou de distribution, de l'appareillage électrique, des bâtiments, et, éventuellement, des transformateurs.

Un poste électrique est donc un élément du réseau électrique servant à la fois à la transmission et à la distribution d'électricité. Il permet d'élever la tension électrique pour sa transmission, puis de la redescendre en vue de sa consommation par les utilisateurs (particuliers ou industriels). Les postes électriques se trouvent donc aux extrémités des lignes de transmission ou de distribution. On parle généralement de sous-station.

Il existe plusieurs types de postes électriques [1], [2]:

- ❏ Postes de sortie de centrale : le but de ces postes est de raccorder une centrale de production de l'énergie au réseau,
- ❏ Postes d'interconnexion : le but est d'interconnecter plusieurs lignes électriques HT,
- ❏ Postes élévateurs : le but est de monter le niveau de tension, à l'aide d'un transformateur,
- ❏ Postes de distribution : le but est d'abaisser le niveau de tension pour distribuer l'énergie électrique aux clients résidentiels ou industriels.

I.2) - Différents types de réseaux électriques

Les réseaux électriques sont partagés en trois types :

6

I.2.1) - Réseaux de transport et d'interconnexion

Les réseaux de transport et d'interconnexion ont principalement pour mission [3], [4]:

- De collecter l'électricité produite par les centrales importantes et de l'acheminer par grand flux vers les zones de consommation (fonction transport),
- De permettre une exploitation économique et sûre des moyens de production en assurant une compensation des différents aléas (fonction interconnexion),
- La tension est 150 kV, 220 kV et dernièrement 420 kV,
- Neutre directement mis à la terre,
- Réseau maillé.

I.2.2) - Réseaux de répartition

Les réseaux de répartition ou réseaux Haute Tension ont pour rôle de répartir, au niveau régional, l'énergie issue du réseau de transport. Leur tension est supérieure à 63 kV selon les régions.

Ces réseaux sont, en grande part, constitués de lignes aériennes, dont chacune peut transiter plus de 60 MVA sur des distances de quelques dizaines de kilomètres. Leur structure est, soit en boucle fermée, soit le plus souvent en boucle ouverte, mais peut aussi se terminer en antenne au niveau de certains postes de transformation [3].

En zone urbaine dense, ces réseaux peuvent être souterrains sur des longueurs n'excédant pas quelques kilomètres. Ces réseaux alimentent d'une part les réseaux de distribution à travers des postes de transformation HT/MT et, d'autre part, les utilisateurs industriels dont la taille (supérieure à 60 MVA) nécessite un raccordement à cette tension.

- La tension est 90 kV ou 63 kV,
- Neutre à la terre par réactance ou transformateur de point neutre,
  - Limitation courant neutre à 1500 A pour le 90 kV,
  - Limitation courant neutre à 1000 A pour le 63 kV,
- Réseaux en boucle ouverte ou fermée.

I.2.3) - Réseaux de distribution

Les réseaux de distribution commencent à partir des tensions inférieures à 63 kV et des postes de transformation HT/HM avec l'aide des lignes ou des câbles moyenne tension jusqu'aux postes de répartition MT/MT.

Le poste de transformation MT/BT constitue le dernier maillon de la chaîne de distribution et concerne tous les usages du courant électrique [1], [5].

I.2.3.1) - Réseaux de distribution à moyenne tension

- MT (30 et 10 kV le plus répandu),
- Neutre à la terre par une résistance,
- Limitation à 300 A pour les réseaux aériens,
- Limitation à 1000 A pour les réseaux souterrains,
- Réseaux souterrains en boucle ouverte.

2.3.2) - Réseaux de distribution à basse tension

- BT (230 / 400 V),
- Neutre directement à la terre,
- Réseaux de type radial, maillés et bouclés.

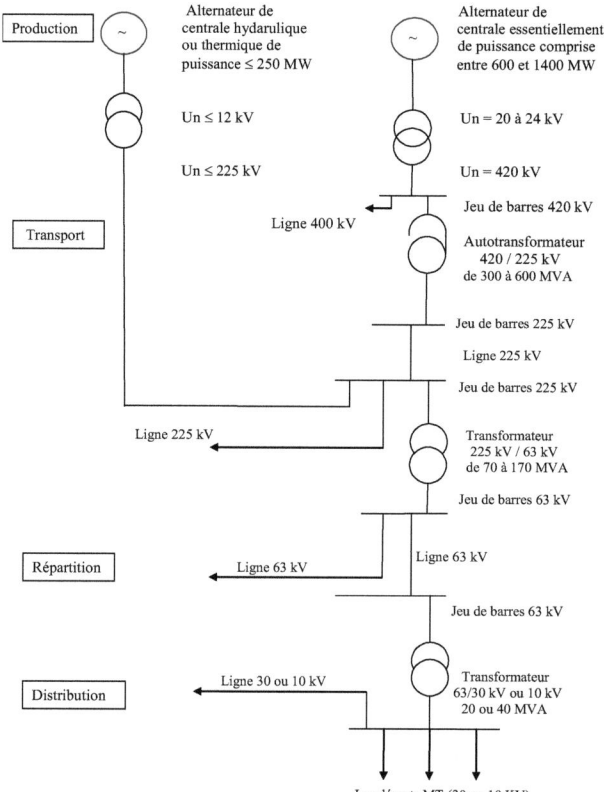

Fig. I.1 - Architecture générale de réseaux d'énergies électrique en Algérie.

8

I.3) - Gamme des tensions utilisées en Algérie

La nouvelle norme en vigueur en Algérie (Groupe Sonelgaz) définit les niveaux de tension alternative comme suit :

Domaines de Tension		Valeur de la tension composée nominale (U_n en Volts)	
		Tension Alternatif	Tension Continu
Très Basse Tension (TBT)		$U_n \leq 50$	$U_n \leq 120$
Basse Tension (BT)	BTB	$50 < U_n \leq 500$	$120 < U_n \leq 750$
	BTB	$500 < U_n \leq 1000$	$750 < U_n \leq 1500$
Haute Tension	MT	$1000 < U_n \leq 50\ 000$	$1500 < U_n \leq 75\ 000$
	HT	$U_n > 50\ 000$	$U_n > 75\ 000$

Tableau I.1 - Tableau des domaines de tension [1].

Cas particuliers de la très basse tension (TBT)

Dans le cadre des travaux et interventions sur des installations ou équipements du domaine TBT, il y a lieu de distinguer ces réalités.

- En très basse tension de sécurité (TBTS),
- En très basse tension de protection (TBTP),
- En très basse tension de fonctionnelle (TBTF).

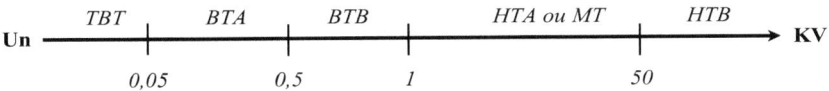

Fig. I.2 - Domaines des tensions électriques utilisées en Algérie [1].

I.4) - Architectures des postes de livraison HT

Ils concernent généralement les puissances supérieures à 10 MVA. L'installation du poste de livraison est comprise entre [5]:

- D'une part, le point de raccordement au réseau de distribution HT,
- D'autre part, la borne aval du ou des transformateurs HT / MT,
- Indice **O** pour « position ouvert » et **F** pour « position fermé ».

Les schémas électriques des postes de livraison HT les plus couramment rencontrés sont les suivants :

I.4.1) - Simple antenne

I.4.1.1) - Architecture

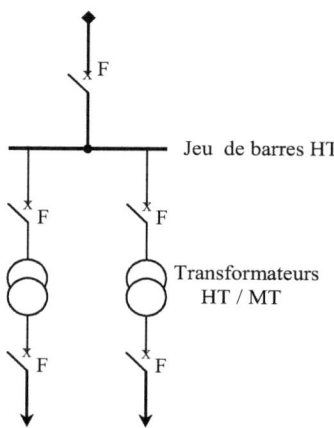

Fig. I.3 - Architecture simple antenne.

I.4.1.2) - Mode d'exploitation

Normal :

- Les transformateurs HT/MT sont alimentés par un seul jeu de barre HT.

Perturbé :

- En cas de perte d'une source d'alimentation, les transformateurs HT/MT sont mis hors service.

I.4.1.3) - Avantages et Inconvénient

Avantage : Coût minimal.

Inconvénient : Disponibilité faible.

I.4.2) - Double antenne

I.4.2.1) - Architecture

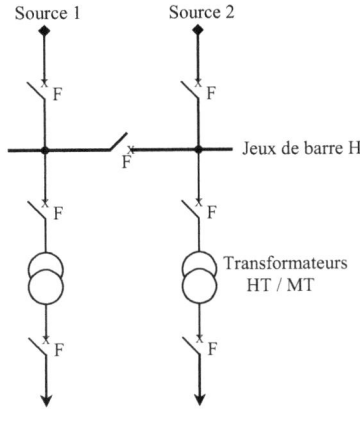

Fig. I.4 - Architecture double antenne.

I.4.2.2) - Mode d'exploitation

Normal :

- Les deux disjoncteurs d'arrivée des sources sont fermés, ainsi que le sectionneur de couplage.

- Les transformateurs sont donc alimentés par les 2 sources simultanément.

Perturbé :

- En cas de perte d'une source, l'autre source assure la totalité de l'alimentation.

I.4.2.3) - Avantages et Inconvénient

Avantages :

- Bonne disponibilité, dans la mesure où chaque source peut alimenter la totalité du réseau,

- Maintenance possible du jeu de barres, avec un fonctionnement partiel de celui-ci.

Inconvénients :

- Solution plus coûteuse que l'alimentation simple antenne,

- Ne permet qu'un fonctionnement partiel du jeu de barres en cas de maintenance de celui-ci.

I.4.3) - Double antenne avec double jeu de barres

I.4.3.1) - Architecture

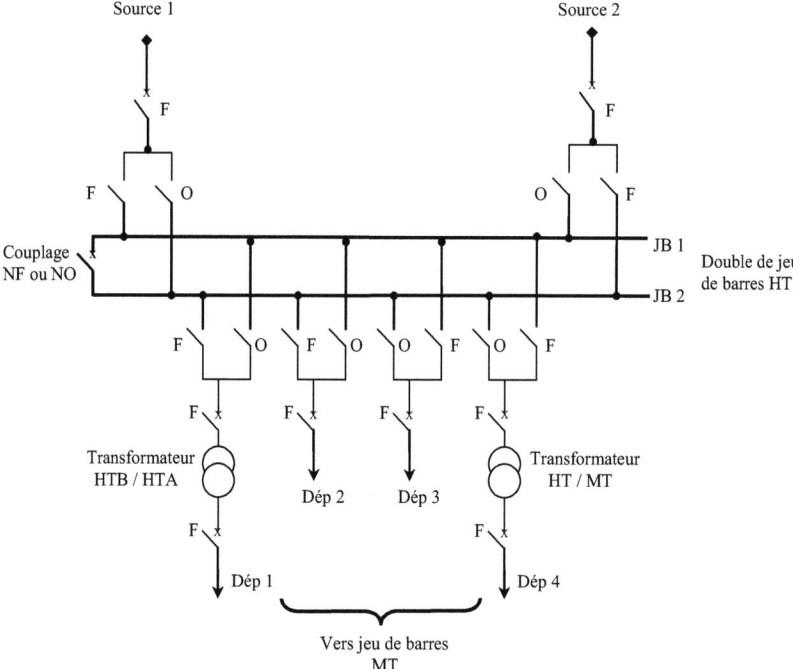

Fig. I.5 - Architecture double antenne avec double jeu de barres.

I.4.3.2) - Mode d'exploitation

Normal :

- La source 1 alimente, par exemple, le jeu de barres JB1 et les départs Dép 1 et Dép 2.

- La source 2 alimente, par exemple, le jeu de barres JB2 et les départs Dép 3 et Dép 4.

- Le disjoncteur de couplage peut être maintenu fermé ou ouvert.

Perturbé :

- En cas de perte d'une source, l'autre source assure la totalité de l'alimentation.

- En cas de défaut sur un jeu de barres (ou maintenance de celui-ci), le disjoncteur de couplage est ouvert et l'autre jeu de barres alimente la totalité des départs.

I.4.3.3) - Avantages et Inconvénient

Avantages :

- Bonne disponibilité d'alimentation,

- Très grande souplesse d'utilisation pour l'affectation des sources et des charges, et pour la maintenance des jeux de barres,

- Possibilité de transfert de jeu de barres sans coupure (lorsque les jeux de barres sont couplés, il est possible de manœuvrer un sectionneur si son sectionneur adjacent est fermé).

Inconvénient :

- Surcoût important par rapport à la solution simple jeu de barres.

I.5) - Modes d'alimentation des postes MT [5]

- Nous allons identifier les principales solutions d'alimentation d'un tableau MT, indépendamment de son emplacement dans le réseau.

- Le nombre de sources et la complexité du tableau diffèrent suivant le niveau de sûreté de fonctionnement désiré.

- Les schémas sont classés dans un ordre tel que la sûreté de fonctionnement s'améliore tandis que le coût d'installation augmente.

I.5.1) - Un jeu de barres avec une source

I.5.1.1) - Architecture

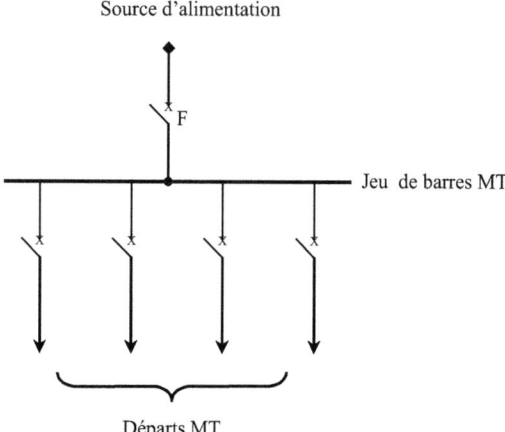

Fig. I.6 - Architecture d'un jeu de barres avec une source.

I.5.1.2) - Fonctionnement

- En cas de perte de la source d'alimentation, le jeu de barres est hors service jusqu'à l'opération de réparation.

I.5.2) - Un jeu de barres sans couplage avec deux sources

I.5.2.1) - Architecture

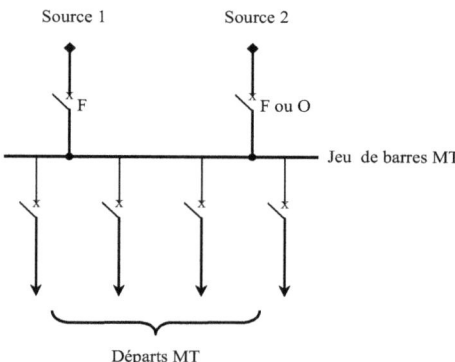

Fig. I.7 - Architecture d'un jeu de barres sans couplage avec deux sources.

14

I.5.2.2) - Fonctionnement

Les deux sources peuvent fonctionner en parallèle ou l'une en secours de l'autre. En cas de défaut sur le jeu de barres (ou maintenance de celui-ci), les départs ne sont plus alimentés.

I.5.3) - deux jeux de barres avec couplage et deux sources

I.5.3.1) - Architecture

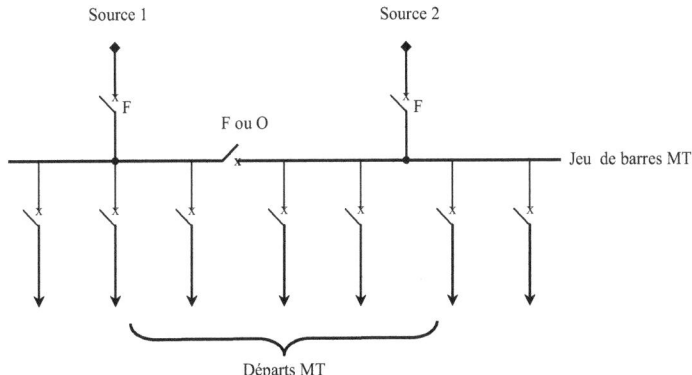

Fig. I.8 - Architecture de deux jeux de barres avec couplage et deux sources.

I.5.3.2) - Fonctionnement

- Le disjoncteur de couplage peut être maintenu fermé ou ouvert.

- S'il est ouvert, chaque source alimente un jeu de barres. En cas de perte d'une source, le disjoncteur de couplage est fermé et l'autre source alimente les deux jeux de barres.

- En cas de défaut sur un jeu de barres (ou maintenance de celui-ci), une partie seulement des départs n'est plus alimentée.

I.5.4) - Un jeu de barres sans couplage et trois sources

I.5.4.1) - Architecture

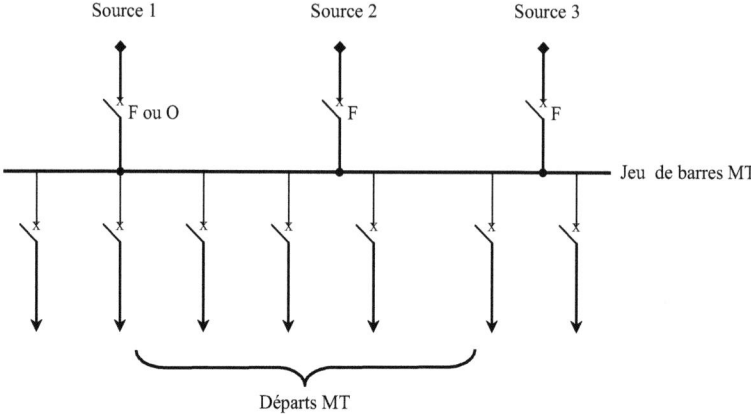

Fig. I.9 - Architecture d'un jeu de barres sans couplage avec trois sources.

I.5.4.2) - Fonctionnement

- Les 3 sources peuvent fonctionner en parallèle ou l'une en secours des deux autres.

- En cas de défaut sur le jeu de barres (ou maintenance de celui-ci), les départs MT ne sont plus alimentés.

I.5.5) - Trois jeux de barres avec couplages et trois sources

I.5.5.1) - Architecture

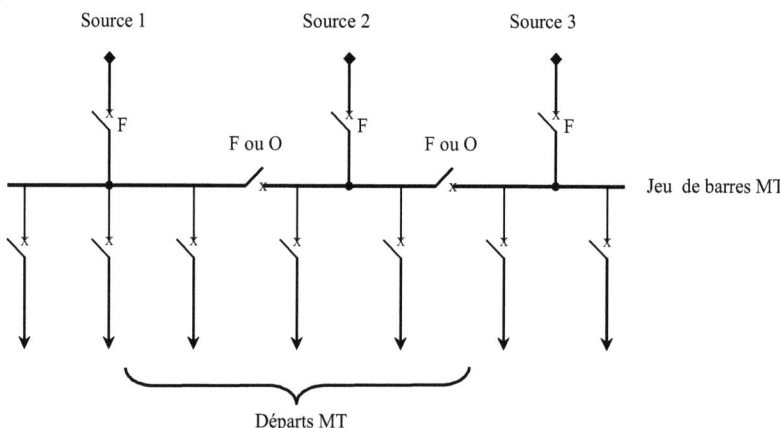

Fig. I.10 - Architecture de trois jeux de barres avec couplages et trois sources.

I.5.5.2) - Fonctionnement

- Les 2 disjoncteurs de couplage peuvent être maintenus ouverts ou fermés.

- S'ils sont ouverts, chaque source alimente sa section de barres. En cas de perte d'une source, le disjoncteur de couplage associé est fermée, une source alimente 2 sections de barres et l'autre 1 section de barres. En cas de défaut sur une section de barres (ou maintenance de celle-ci), une partie seulement des départs n'est plus alimentée.

I.5.6) - Sources et départs en " Duplex "

I.5.6.1) - Architecture

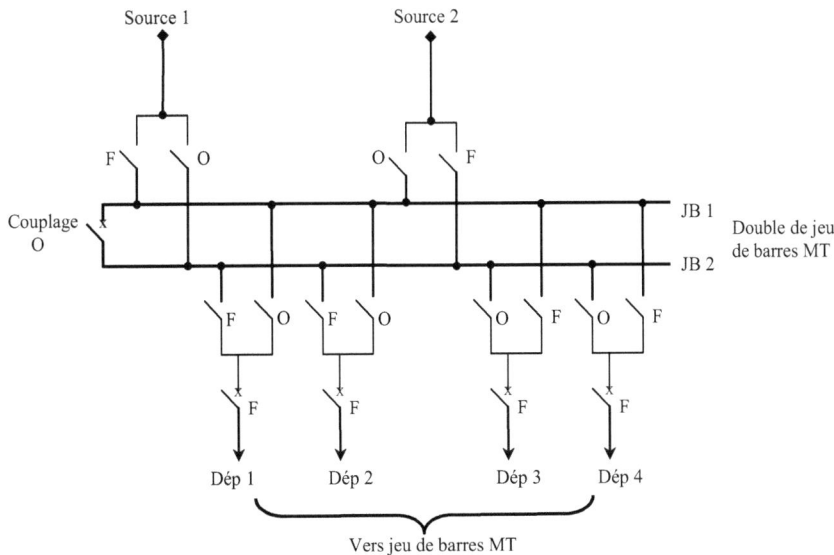

Fig. I.11 - Architectures de couplage des sources et départs en " DUPLEX ".

I.5.6.2) - Fonctionnement

- Le disjoncteur de couplage est maintenu ouvert en fonctionnement normal.

- Chaque source peut alimenter l'un ou l'autre des jeux de barres par ses deux cellules disjoncteur débrochable. Par souci d'économie, il n'y a qu'un seul disjoncteur pour les deux cellules débrochable qui sont installées tête-bêche. On peut ainsi facilement déplacer le disjoncteur d'une cellule à l'autre. Ainsi, si l'on veut que la source 1 alimente le jeu de barres JB 2, on déplace le disjoncteur dans l'autre cellule associée à la source 1.

- Le même principe est mis en place pour les départs. Ainsi, à chaque départ sont associées deux cellules débrochables et un seul disjoncteur. Chaque départ peut être alimenté par l'un ou l'autre des jeux de barres suivant l'emplacement du disjoncteur. Par exemple, la source 1 alimente le jeu de barres JB1 et les départs Dép1 et Dép2. La source 2 alimente le jeu de barres JB2 et les départs Dép3 et Dép4.

- En cas de perte d'une source, le disjoncteur de couplage est fermé, l'autre source assure la totalité de l'alimentation.

- En cas de défaut sur un jeu de barres (ou maintenance de celui-ci), le disjoncteur de couplage est ouvert et chaque disjoncteur est placé sur le jeu de barres en service, afin que tous les départs soient alimentés.

- L'inconvénient du système " Duplex " est qu'il ne permet pas les permutations automatiques. En cas de défaut, chaque permutation à effectuer dure plusieurs minutes et nécessite la mise hors tension des jeux de barres.

I.5.7) - Deux jeux de barres avec deux attaches par départ et deux sources

I.5.7.1) - Architecture

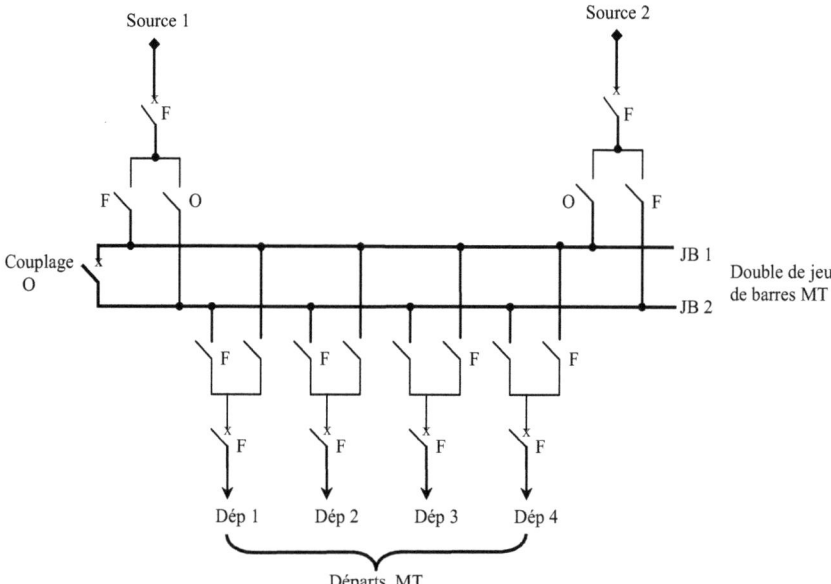

Fig. I.12 - Architectures des deux jeux de barres avec deux attaches par départ et deux sources.

I.5.7.2) - Fonctionnement

- Le disjoncteur de couplage est maintenu ouvert en fonctionnement normal,

- Chaque départ peut être alimenté par l'un ou l'autre des jeux de barres suivant l'état de sectionneurs qui lui sont associés, un seul sectionneur par départ doit être fermé,

- Par exemple, la source 1 alimente le jeu de barres JB 1 et les départs Dép1 et Dép2. La source 2 alimente le jeu de barres JB 2 et les départs moyenne tension Dép 3 et Dép 4,

- En cas de perte d'une source, le disjoncteur de couplage est fermé, l'autre source assure la totalité de l'alimentation,

- En cas de défaut sur un jeu de barres (ou maintenance de celui-ci), le disjoncteur de couplage est ouvert et l'autre jeu de barres alimente la totalité des départs.

I.5.8) - Deux doubles jeux de barres couplés entre eux

I.5.8.1) - Architecture

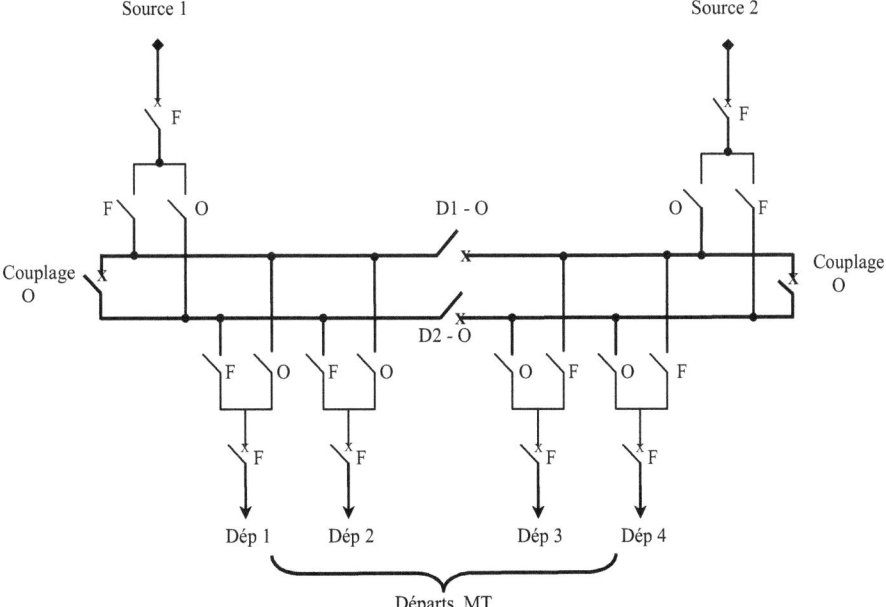

Fig. I.13 - Architectures des deux doubles jeux de barres couplés entre eux.

I.5.8.2) - Fonctionnement

- Il est presque identique au schéma précédent (2 jeux de barres, 2 attaches par départ, 2 sources d'alimentation). La décomposition du double jeu de barres en 2 tableaux avec couplage (par D1 et D2) permet une plus grande souplesse d'exploitation,

- Chaque jeu de barres alimente un nombre de départs moins important en fonctionnement normal.

I.6) - Architectures des réseaux MT

- Nous allons identifier les principales structures de réseaux MT permettant d'alimenter les tableaux secondaires et les transformateurs MT/BT. La complexité de la structure diffère suivant le niveau de sûreté de fonctionnement désiré [1, 6].

- Les schémas électriques des réseaux MT les plus souvent rencontrés sont les suivants :

I.6.1) - Radial en simple antenne

I.6.1.1) - Architecture

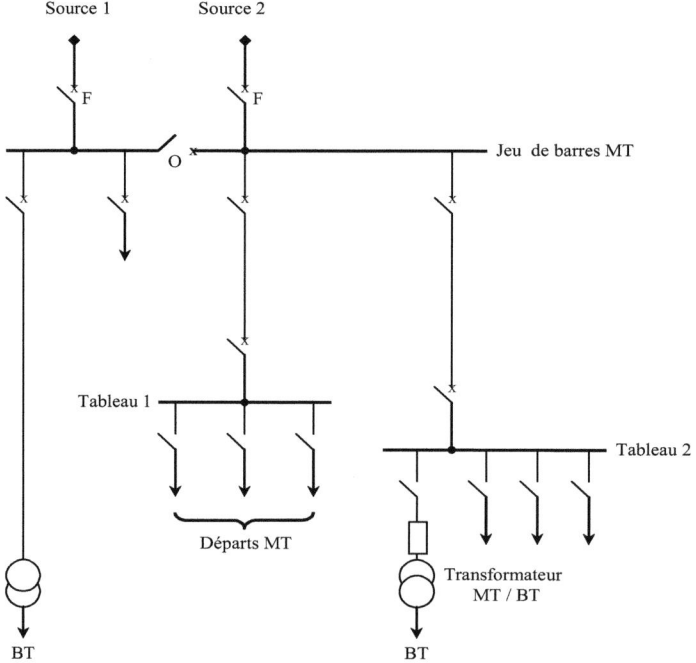

Fig. I.14 - Réseau MT radial en simple antenne.

I.6.1.2) - Fonctionnement

- Les tableaux 1 et 2 et les transformateurs sont alimentés par une seule source, il n'y a pas de solution de dépannage,

- Cette structure est préconisée lorsque les exigences de disponibilité sont faibles, elle est souvent retenue pour les réseaux de cimenterie.

I.6.2) - Radial en double antenne sans couplage

I.6.2.1) - Architecture

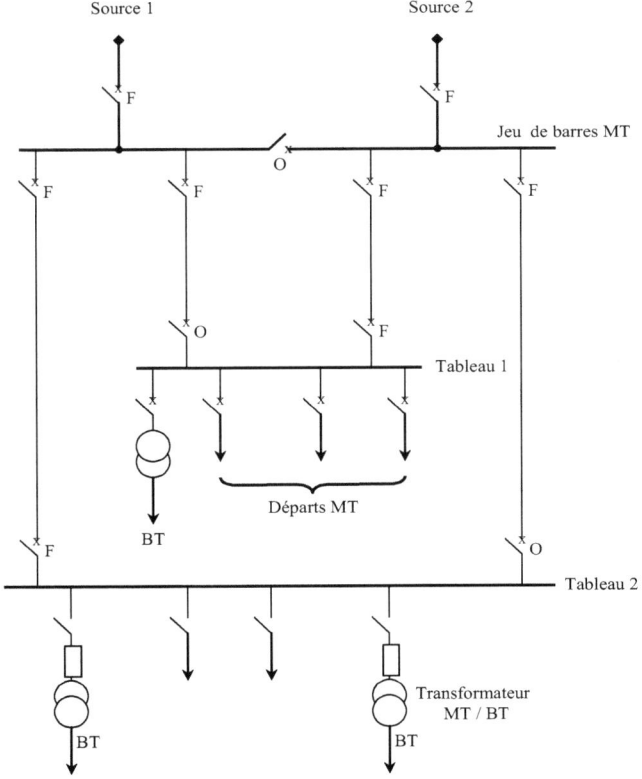

Fig. I.15 - Réseau MT radial en double antenne sans couplage.

I.6.2.2) - Fonctionnement

- Les tableaux 1 et 2 sont alimentés par 2 sources sans couplage, l'une en secours de l'autre,

- La disponibilité est bonne,

- L'absence de couplage des sources pour les tableaux 1 et 2 entraîne une exploitation moins souple.

I.6.3) - Radial en double antenne avec couplage

I.6.3.1) - Architecture

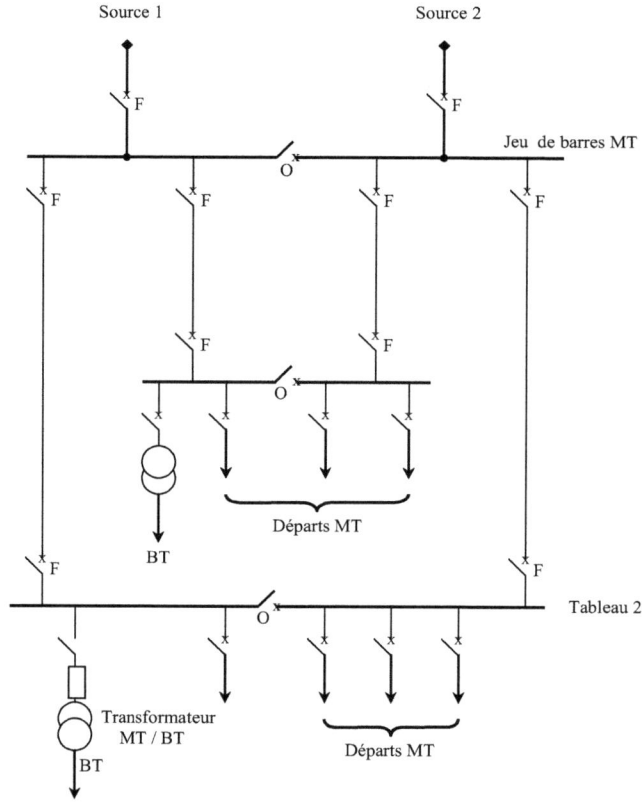

Fig. I.16 - Réseau MT radial en double antenne avec couplage.

I.6.3.2) - Fonctionnement

- Les tableaux 1 et 2 sont alimentés par 2 sources avec couplage. En fonctionnement normal, les disjoncteurs de couplage sont ouverts,

- Chaque demi-jeu de barres peut être dépanné et être alimenté par l'une ou l'autre des sources,

- Cette structure est préconisée lorsqu'une bonne disponibilité est demandée, elle est souvent retenue dans les domaines de la sidérurgie et de la pétrochimie.

I.6.4) - En boucle

- Cette solution est bien adaptée aux réseaux étendus avec des extensions futures importantes,

- Il existe deux possibilités suivant que la boucle est ouverte ou fermée en fonctionnement normal.

I.6.4.1) - Boucle ouverte

I.6.4.1.1) - Architecture

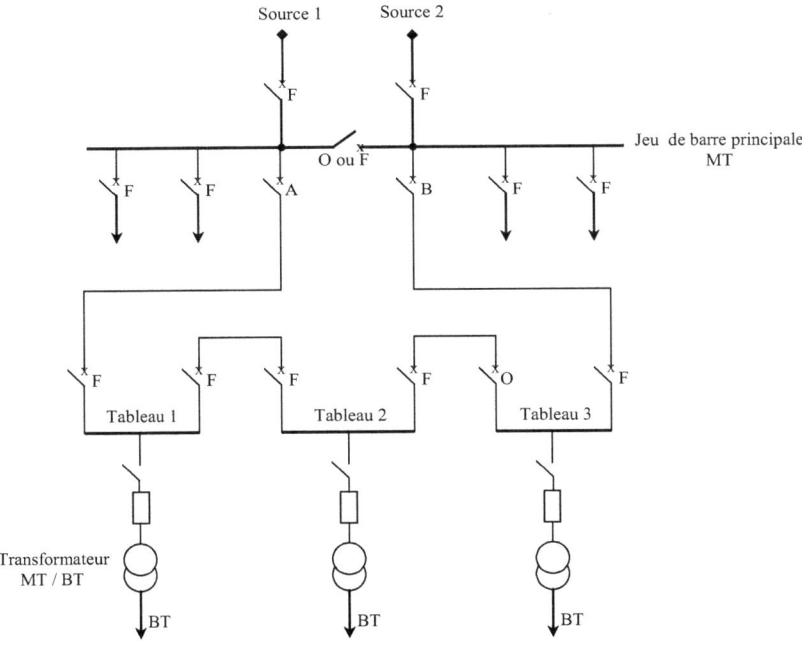

Fig. I.17.a - Réseau MT en boucle ouverte.

23

I.6.4.1.2) - Fonctionnement

- Les têtes de boucle en A et B sont équipées de disjoncteurs,

- Les appareils de coupure des tableaux 1, 2 et 3 sont des interrupteurs,

- En fonctionnement normal, la boucle est ouverte (elle est ouverte au niveau du tableau 2),

- Les tableaux peuvent être alimentés par l'une ou l'autre des sources,

- Un défaut sur un câble ou la perte d'une source est palier par une reconfiguration de la boucle.

Cette reconfiguration engendre une coupure d'alimentation de quelques secondes si un automatisme de reconfiguration de boucle est installé.

La coupure est d'au moins plusieurs minutes ou dizaines de minutes si la reconfiguration de boucle est effectuée manuellement par le personnel d'exploitation.

I.6.4.2) - Boucle fermée

I.6.4.2.1) - Architecture

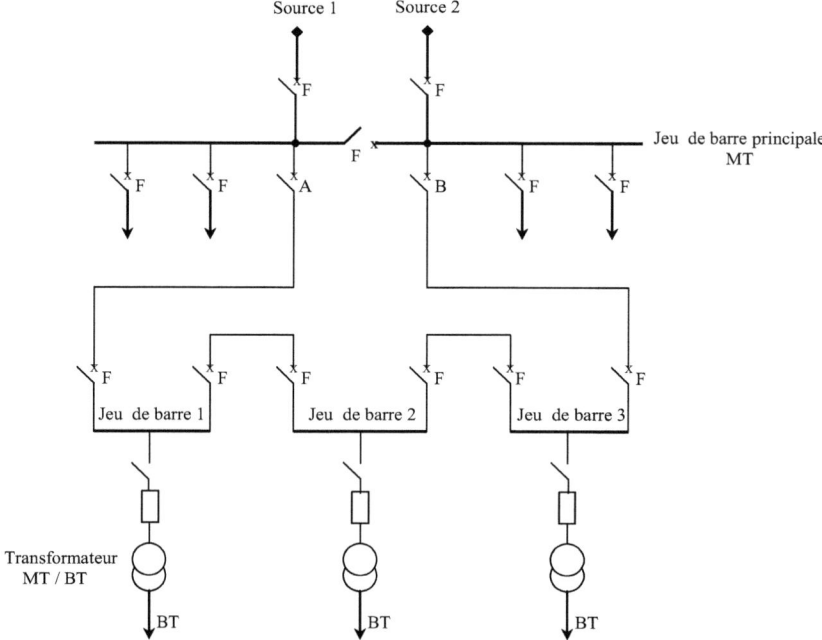

Fig. I.17.b - Réseau MT en boucle fermée.

24

I.6.4.1.2) - Fonctionnement

- Tous les appareils de coupure de la boucle sont des disjoncteurs.

- En fonctionnement normal, la boucle est fermée.

- Le système de protection permet d'éviter les coupures d'alimentation lors d'un défaut.

- Cette solution est plus performante que le cas de la boucle ouverte car elle évite les coupures d'alimentation.

- Par contre, elle est plus onéreuse car elle nécessite des disjoncteurs dans chaque tableau et un système de protection plus élaboré.

I.6.5) - En double dérivation

I.6.5.1) - Architecture

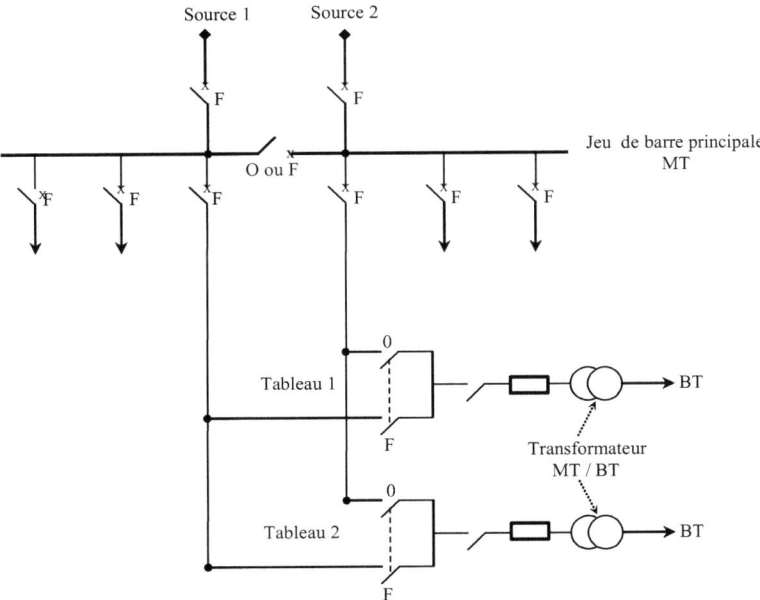

Fig. I.18 - Réseau MT en double dérivation.

I.6.5.2) - Fonctionnement

Les tableaux 1, 2 et 3 peuvent être dépannés et être alimentés par l'une ou l'autre des sources indépendamment.

Cette structure est bien adaptée aux réseaux étendus avec des extensions futures limitées et nécessitant une très bonne disponibilité.

I.7) - Architectures des postes MT/BT supérieur à 630 kVA

I.7.1) - Généralité

Ce type des postes MT/BT sont caractérisé par [6] :

> ➢ Les tensions d'entrées sont : 10 ou 30 kV,
> ➢ Les tensions de sortie (utilisation) sont : 230/ 400 V,
> ➢ Section du câble d'alimentation est 120 mm2,
> ➢ Puissance : S > 630 kVA,
> ➢ Mode d'alimentation :
> >   - Souterrain : Coupure d'artère,
> >   - Aérien : Dérivation.

> ➢ Une cellule de protection générale par disjoncteur MT,
> ➢ Une cellule de comptage de l'énergie (tension et courant),
> ➢ Protection des transformateurs par fusible MT,
> ➢ Tableau générale basse tension (TGBT).

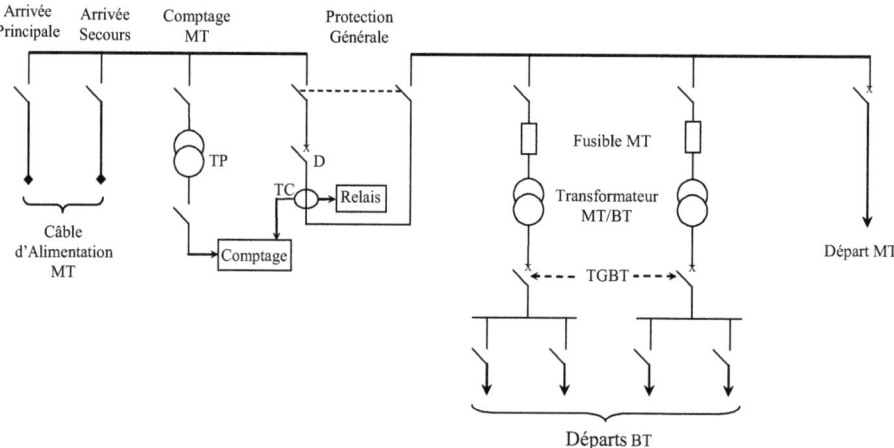

Fig. I.19 - Architecture générale d'un poste abonné MT/BT.

I.7.2) - Alimentation en coupure d'artère

La distribution en coupure d'artère (Figure I.20) est très répandue. Le réseau de distribution passe par le poste de livraison de l'abonné, ce dernier étant équipé de deux cellules «arrivée». Les agents du service local de distribution utilisent les interrupteurs de ces cellules pour isoler, en cas de travaux ou de défaut, le tronçon situé entre deux postes [6].

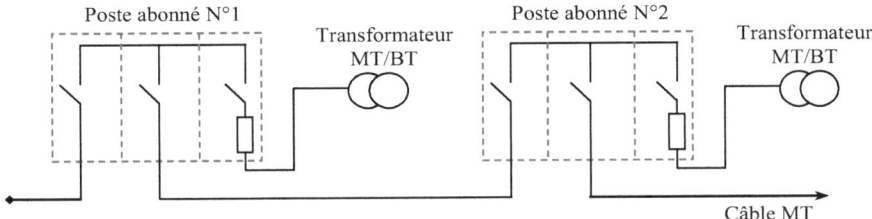

Fig. I.20 - Poste abonné alimenté en coupure d'artère.

I.7.3) - Alimentation en double dérivation

La distribution en double dérivation (figure. I.21) permet dans les zones de forte densité de maintenir un haut niveau de disponibilité de l'énergie électrique. Les postes de livraison sont connectés au réseau par leur câble «travail» et sont permutés soit automatiquement en cas de défaut, soit par télécommande en cas de travaux [6].

Domaines d'utilisation :

- Distributions souterraines en zone urbaine,
- Réseaux HT. d'activités tertiaires.

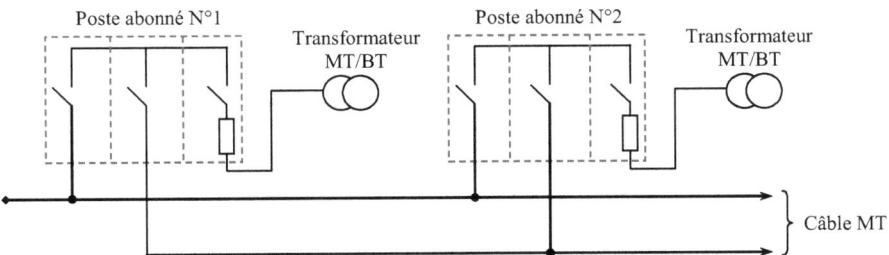

Fig. I.21 - Poste abonné alimenté en double dérivation.

Domaines d'utilisation :

- Distributions aériennes rurales,
- Postes sur poteau,
- Réseaux des villes à forte densité ou en extension,
- Distribution aérienne industrielle.

I.8) - Conclusion :

Dans ce chapitre, on a énuméré les différentes architecteurs du réseau de distribution moyenne tension et postes électrique MT (30 et 10 kV). Ces architectures sont très importantes et très sensibles, ce qui nécessite une protection contre les différents types d'anomalies telles que les court-circuits, les surtensions, les surintensités, ...etc.

Chapitre II
Équipements d'un Système de Protection

II.1) - Introduction

Les dispositifs de protection surveillent en permanence l'état électrique des éléments d'un réseau et provoquent leur mise hors tension (par exemple l'ouverture d'un disjoncteur), lorsque ces éléments sont le siège d'une perturbation indésirable: court-circuit, défaut d'isolement, surtension, harmoniques, ... etc.

Le choix d'un dispositif de protection n'est pas le fruit d'une réflexion isolée, mais une des étapes les plus importantes de la conception d'un réseau électrique.

A partir de l'analyse du comportement des matériels électriques (moteurs, transformateurs, câbles, ...etc.) sur défauts et des phénomènes qui en découlent, on choisit les dispositifs de protection les mieux adaptés. C'est ce que l'on va présenter dans ce chapitre.

II.2) - Système de protection

II.2.1) - Définition

La Commission Electrotechnique Internationale (C.E.I) définie la protection comme l'ensemble des dispositions destinées à la détection des défauts et des situations anormales des réseaux afin de commander le déclenchement d'un ou de plusieurs disjoncteurs et, si nécessaire d'élaborer d'autres ordres de signalisations.

II.2.2) - Les fonctions de protection

Les fonctions de protection sont réalisées par des relais ou des appareils multifonctions. A l'origine, les relais de protection étaient de type analogique et effectuaient généralement une seule fonction. Actuellement, la technologie numérique est la plus employée.

Elle permet de concevoir des fonctions de plus en plus évoluées et un même appareil réalise généralement plusieurs fonctions. C'est pourquoi, on parle plutôt d'appareils *multifonctions* [7].

II.3) - Les court-circuits

II.3.1) - Origines

Les différents composants des réseaux sont conçus, construits et entretenus de façon à réaliser le meilleur compromis entre coût et risque de défaillance. Ce risque n'est donc pas nul et des incidents ou défauts viennent perturber le fonctionnement des installations électriques [7].

Les lignes aériennes : sont soumises aux perturbations atmosphériques (foudre, tempêtes, etc.), les régions montagneuses par exemple sont beaucoup plus exposées que d'autre à la foudre.

Les câbles souterrains : sont exposés aux agressions extérieures (d'engins mécaniques de terrassement par exemple) qui entraînent systématiquement des court-circuits permanents.

Les matériels de réseaux et des postes électriques : comportent des isolants (solides, liquides ou gaz) constitués d'assemblages plus ou moins complexes placés entre parties sous tension et masse. Les isolants subissent des dégradations conduisant à des défauts d'isolements.

II.3.2) - Caractéristiques

Les courts-circuits sont caractérisés par leur **forme**, leur **durée** et l'**intensité du courant**. Les ingénieurs en réseaux électriques utilisent souvent le terme « défaut ».

II.3.2.1) - Types

Un court-circuit dans les réseaux électriques peut être :

- *Monophasé :* entre une phase et la terre ou une masse.

- *Biphasé :* entre deux phases raccordées ensemble, peut être un court-circuit biphasé mis à la terre ou biphasé isolé.

- *Triphasés :* entre trois phases de la ligne ou les trois phases et la terre.

II.3.2.2) - Nature [8], [9]

- *Court- circuits fugitifs :* Les court-circuits fugitifs nécessitent une coupure très brève du réseau d'alimentation (de l'ordre de quelques dixièmes de seconde).

- *Court-circuits permanents :* Ces court-circuits provoquent un déclenchement définitif qui nécessite l'intervention du personnel d'exploitation pour la localisation du défaut et remise en service de la partie saine.

- **Court-circuits auto-extincteurs :** c'est ceux qui disparaissent spontanément en des temps très courts sans provoquer de discontinuités dans la fourniture d'énergie électrique.

- **Court -circuit semi permanents :** Ces court-circuits exigent pour disparaître une ou plusieurs coupures relativement longues du réseau d'alimentation (de l'ordre de quelques dizaines de secondes) sans nécessité d'intervention du personnel d'exploitation.

II.3.3) - Conséquences sur le réseau électrique

Les court-circuits dans les réseaux électriques ont des effets néfastes :

II.3.3.1) - Fonctionnement des réseaux électriques

Les effets néfastes des courts-circuits sont surtout à redouter sur les réseaux électriques THT sur lesquels débitent des groupes générateurs de forte puissance.

Les courts-circuits, surtout polyphasés et proches des centrales de production, entraînent une diminution du couple résistant (C_r) des machines et donc une rupture de l'équilibre entre celui-ci et le couple moteur (C_m), s'ils ne sont pas éliminés rapidement, ils peuvent conduire à la *perte de stabilité* de groupes générateurs et à des *fonctionnements hors synchronisme* préjudiciables aux matériels.

Des temps d'élimination des courts-circuits de l'ordre de 100 à 150 ms sont généralement considérés comme des valeurs à ne pas dépasser sur les réseaux électriques THT [9].

II.3.3.2) - Tenue de matériels

Les court-circuits provoquent des surintensités, dans le cas d'un court-circuit triphasé le courant de court-circuit peut dépasser 20 à 30 fois le courant nominal (I_n). Ces surintensités amènent deux types de contraintes [10] :

- *Contraintes thermiques :* dues aux dégagements de chaleur par effet Joule ($R.I^2$) dans les conducteurs électriques.
- *Contraintes mécaniques :* dues aux efforts électrodynamiques, ceux-ci entraînent notamment le balancement des conducteurs aériens et le déplacement des bobinages des transformateurs, ces efforts, s'ils dépassent les limites admises lors de la construction, sont souvent à l'origine d'avaries graves.

De plus l'arc électrique, consécutif à un court-circuit, met en jeu un important dégagement local d'énergie pouvant provoquer d'importants dégâts au matériel et être dangereux pour le personnel travaillant à proximité.

II.3.3.3) - Qualité de la fourniture

Pour les utilisateurs, les court-circuits se traduisent par une chute de tension   dont l'amplitude et la durée sont fonction de différents facteurs tels que la nature du court-circuit, la structure du réseau effectué, du mode mise à la terre, du mode d'exploitation, des performances des protections, ...etc.

II.3.3.4) - Circuits de télécommunications

La présence d'un court-circuit dissymétrique entre une ou deux phases d'une ligne d'énergie électrique et la terre entraîne la circulation d'un courant homopolaire qui s'écoule à la terre par les points neutres des réseaux.

Une tension induite longitudinale, proportionnelle à ce courant, apparaît sur les lignes de télécommunication qui ont un trajet parallèle à la ligne d'énergie électrique. Cette tension peut atteindre des valeurs dangereuses pour le personnel et les installations de télécommunication [8],[10].

II.3.3.5) - Sécurité des personnes

La mise sous tension accidentelle des masses, les élévations de potentiel liées à l'écoulement des courants de court-circuit à la terre, les conducteurs tombés au sol ...etc. sont autant de situations pouvant présenter des risques pour la sécurité des personnes. Le mode de mise à la terre des points neutres joue de ce fait un rôle essentiel [10].

II.3.4) - Contraintes supplémentaires pour la protection

Les protections électriques ne doivent pas apporter de limitation au fonctionnement normal des réseaux électriques, en particulier :

a) Elles ne doivent pas limiter la souplesse d'utilisation du réseau protégé en interdisant certains schémas d'exploitation (réseaux bouclés, maillés, radiaux).
b) Elles doivent rester *stables* en présence de phénomènes autre que les court-circuits :

- Lors de manœuvres d'exploitation, pendant les régimes transitoires consécutifs à la mise sous tension ou hors tension à vide des lignes ou des transformateurs,
- Lors de variations admissibles de la tension et de la fréquence,
- En présence de surcharges et de déséquilibres entrant dans la marge de fonctionnement des réseaux électriques,
- En présence d'oscillations résultant du régime transitoire des alternateurs,
- Sous l'influence d'une anomalie des circuits de mesure.

32

II.4) - Qualités principales d'un système de protection [7-10]

II.4.1) - Rapidité

Les court-circuits sont donc des incidents qu'il faut éliminer le plus vite possible, c'est le rôle des protections dont la rapidité de fonctionnement et des performances prioritaires. Le temps d'élimination des court-circuits comprend deux composantes principales :

- Le temps de fonctionnement des protections (quelques dizaines de millisecondes).
- Le temps d'ouverture des disjoncteurs, avec les disjoncteurs modernes (SF6 ou à vide), ces derniers sont compris entre 1 et 3 périodes.

II.4.2) - Sélectivité

La sélectivité est une capacité d'un ensemble de protections à faire la distinction entre les conditions pour lesquelles une protection doit fonctionner de celles où elle ne doit pas fonctionner.

Les différents moyens qui peuvent être mis en œuvre pour assurer une bonne sélectivité dans la protection d'un réseau électrique, les plus importants sont les trois types suivants: Sélectivité ampèremétrique par les courants, Sélectivité chronométrique par le temps, et Sélectivité par échange d'informations, dite sélectivité logique.

II.4.2.1) - Sélectivité ampèremétrique

Une protection ampèremétrique (Fig. II.1) est disposée au départ de chaque tronçon : son seuil est réglé à une valeur inférieure à la valeur de défaut minimal provoqué par un court-circuit sur la section surveillée, et supérieure à la valeur maximale du courant provoqué par un court-circuit situé en aval (au-delà de la zone surveillée).

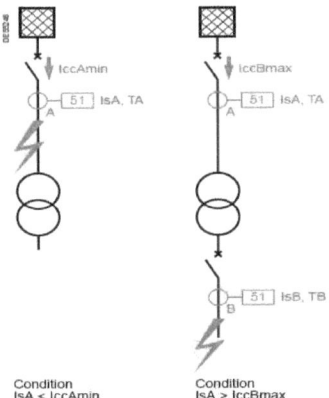

Fig. II.1 - Fonctionnement d'une sélectivité ampèremétrique.

Ainsi réglée, chaque protection ne fonctionne que pour les court-circuits situés immédiatement en aval de sa position, à l'intérieur de la zone surveillée, elle est insensible aux court-circuits apparaissant au-delà.

II.4.2.2) - Sélectivité chronométrique

Sélectivité dans laquelle les protections sollicitées sont organisées pour fonctionner de manière décalée dans *le temps*. La protection la plus proche de la source a la temporisation la plus longue.

Ainsi, sur le schéma (Fig. II.2), le court-circuit représenté est vu par toutes les protections (en A, B, C, et D). La protection temporisée D ferme ses contacts plus rapidement que celle installée en C, elle-même plus rapide que celle installée en B.

Après l'ouverture du disjoncteur D et la disparition du courant de court-circuit, les protections A, B, C qui ne sont plus sollicitées, revient à leur position de veille.

La différence des temps de fonctionnement ΔT entre deux protections successives est l'intervalle de sélectivité.

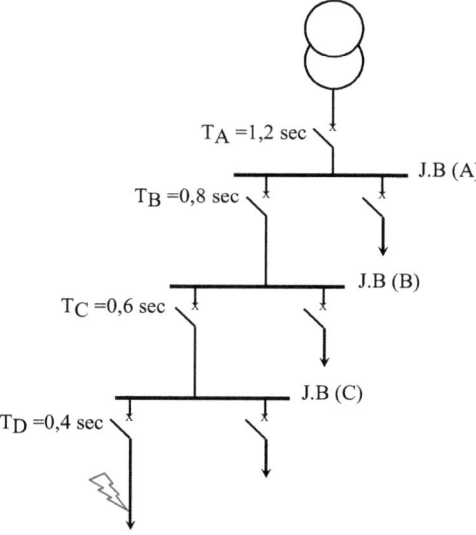

Fig. II.2 - Principe de la sélectivité chronométrique.

II.4.3) - Sensibilité

La protection doit fonctionner dans un domaine très étendu de courants de courts-circuits entre :

- Le courant maximal qui est fixé par le dimensionnement des installations et est donc parfaitement connu,

- Un courant minimal dont la valeur est très difficile à apprécier et qui correspond à un court-circuit se produisant dans des conditions souvent exceptionnelles.

La notion de *sensibilité d'une protection* est fréquemment utilisée en référence au courant de court-circuit le plus faible pour lequel la protection est capable de fonctionner.

II.4.4) - Fiabilité

Les définitions et les termes proposés ici, sont dans la pratique, largement utilisés au plan international.
- Une protection a un *fonctionnement correct* lorsqu'elle émet une réponse à un court-circuit sur le réseau en tout point conforme à ce qui est attendu.

- A l'inverse, pour un *fonctionnement incorrect*, elle comporte deux aspects :

- Le *défaut de fonctionnement* ou *non-fonctionnement* lorsqu'une protection, qui aurait du fonctionner, n'a pas fonctionné.
- Le *fonctionnement intempestif*, qui est un fonctionnement non justifié, soit en l'absence de défaut, soit en présence d'un défaut pour laquelle la protection n'aurait pas du fonctionner.
- *La fiabilité d'une protection*, qui est la probabilité de ne pas avoir de fonctionnement incorrect (éviter les déclenchements intempestifs), est la combinaison de :

- La *sûreté* : qui est la probabilité de ne pas avoir de défaut de fonctionnement.
- La *sécurité* : qui est la probabilité de ne pas avoir de fonctionnement intempestif.

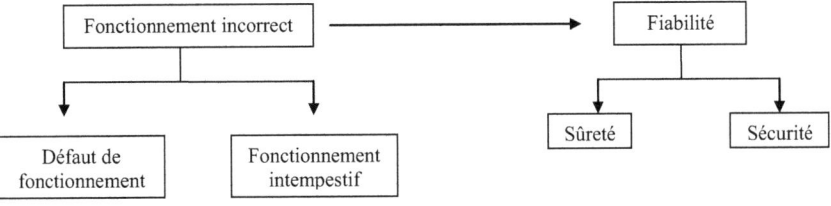

Fig. II.3 - Fiabilité d'une protection.

On peut améliorer la fiabilité en associant plusieurs protections, mais, comme on peut le voir sur la figure II.4, sûreté et sécurité sont deux exigences contradictoires (Fig. II.4).

a) Association en série : Sécurité augmente,Sûreté moindre.	b) Association en parallèle : Sécurité moindre, Sûreté augmente.

Fig. II.4 - Association de protection.

II.5) - Chaîne générale d'un système de protection

C'est le choix des éléments de protection et de la structure globale de l'ensemble, de façon cohérente et adaptée au réseau (Fig. II.5). Le système de protection se compose d'une chaîne constituée des éléments suivants :

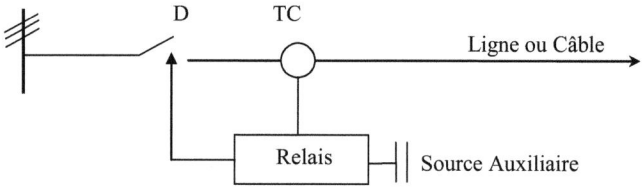

Fig. II.5 - Chaîne principale de la protection électrique.

La figure II.5 représente le schéma principal d'une protection électrique, quelque soit les éléments principaux de protection des réseaux électriques :

II.5.1) - Transformateur de courant

II.5 .1.1) - Définition

Selon la définition de la commission électrotechnique internationale (C.E.I), "un transformateur de courant est un transformateur de mesure dans lequel le courant secondaire est, dans les conditions normales d'emploi, pratiquement proportionnel au courant primaire et déphasé par rapport à celui-ci d'un angle approximativement nul pour un sens approprié des connexions".

La notion de **transformateur de courant** est un abus de langage, mais elle a été popularisée dans l'industrie. L'expression « transformateur d'intensité » est sans doute plus exacte. On utilise fréquemment les abréviations TC ou TI.

- Les transformateurs de courant ont deux fonctions essentielles :

- Adapter la valeur du courant MT du primaire aux caractéristiques des appareils de mesure ou de protection en fournissant un courant secondaire d'intensité proportionnelle réduite,
- Isoler les circuits de puissance du circuit de mesure et/ou de protection.

La fonction d'un transformateur de courant phase est de fournir à son secondaire (I_s) un courant proportionnel au courant primaire (I_p) mesuré. L'utilisation concerne autant la mesure (comptage) que la protection.

II.5.1.2) - Types industriels

A) - Modèles classiques à noyau de fer

Pour les courants alternatifs de basse fréquence, on utilise en général un transformateur avec peu de spires au primaire, et beaucoup au secondaire. Dans certains cas, il y aura même une seule spire au primaire. Dans ce cas le transformateur de courant prendra la forme d'un tore, traversé par le circuit électrique. Il n'y aura donc pas de bobinage primaire à proprement parler : la spire est constituée par le passage du circuit électrique à l'intérieur du circuit magnétique torique.

B) - Modèles à tore de Rogowski

Les tores de Rogowski sont assimilables à des transformateurs de courants spécifiques, bien qu'ils délivrent usuellement en sortie une tension proportionnelle à la dérivée du courant et non un courant proportionnel au courant d'entrée. Ils sont largement utilisés dans le domaine de la HTA.

C) - Modèles dits "non conventionnels"

On désigne sous ce nom des modèles fonctionnant sur le principe de l'effet Hall (courant électrique traversant un matériau baignant dans un champ magnétique engendre une tension perpendiculaire à ceux-ci.) ou de l'effet Faraday (L'effet Faraday est un effet magnéto-optique découvert par Michael Faraday en 1845. Il apparaît dans la plupart des matériaux diélectriques transparents lorsqu'ils sont soumis à des champs magnétiques. Ce fut la première mise en évidence du lien entre magnétisme et lumière : le fait que la lumière contienne un champ magnétique fait maintenant partie de la théorie du rayonnement électromagnétique). Leur utilisation est peu courante, et en général réservé à des applications spécifiques comme la mesure de courants continus.

II.5.1.3) - TC Tore

Un enroulement de Rogowski, de son co-inventeur éponyme Walter Rogowski, est un dispositif électrotechnique permettant de mesurer le courant alternatif ou les impulsions de courant à grande vitesse (Figure II.6).

Il se compose d'un enroulement hélicoïdal de fil dont le fil d'une extrémité revient par le centre de l'enroulement à l'autre extrémité, de sorte que les deux bornes soient à la même extrémité de l'enroulement. La bobine est positionnée autour du conducteur dont veut connaître le courant. La tension induite dans l'enroulement est proportionnelle au taux de changement (dérivée) du courant dans le conducteur, L'enroulement de Rogowski est habituellement relié à un circuit d'intégration électrique (ou électronique) à forte impédance d'entrée afin de fournir un signal de sortie qui est proportionnel au courant [7, 10].

L'avantage d'un enroulement de Rogowski par rapport à d'autres types de transformateurs de courants est qu'il peut être ouvert et qu'il est très flexible, lui permettant d'être enroulé autour d'un conducteur de phase sans contrainte. Puisqu'un enroulement de Rogowski à un noyau d'air plutôt qu'un noyau de fer, il n'est pas perturbé par des courants de Foucault dans le noyau et peut donc répondre aux courants à changement rapide. Comme il n'a aucun noyau de fer à saturer, il est fortement linéaire même lorsque soumis à de grands courants, du type de ceux utilisés dans la transmission d'énergie électrique, la soudure, ou les applications à hautes puissances pulsées. Un enroulement de Rogowski correctement formé, avec des spires équidistantes, est en grande parti immuniser contre les interférences électromagnétiques.

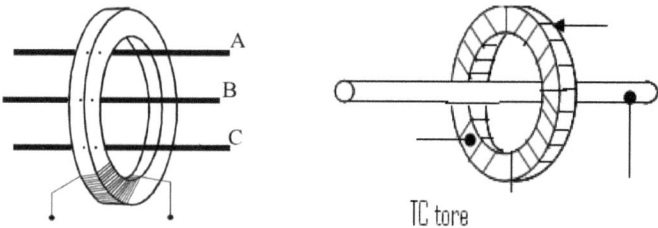

Fig. II.6 - Transformateur de courant type tore.

II.5.1.4) - Modélisation

Un transformateur de courant est constitué d'un circuit primaire et d'un circuit secondaire couplés par un circuit magnétique et d'un enrobage isolant, en époxy silice dans le cas des transformateurs Merlin Gerin et Siemens par exemple (Fig. II.7). L'appareil est de type [9]:

- Bobiné : lorsque le primaire et le secondaire comportent un bobinage enroulé sur le circuit magnétique,
- Traversant : primaire constitué par un conducteur non isolé de l'installation,
- Tore : primaire constitué par un câble isolé.

Importance du choix des TC : La précision de fonctionnement des appareils de mesure ou de protection dépend directement de la précision du TC.

Principe de fonctionnement : Un TC débite souvent sur une charge plutôt résistive (Rc + sa filerie), et peut être représenté par le schéma équivalent ci-dessous.

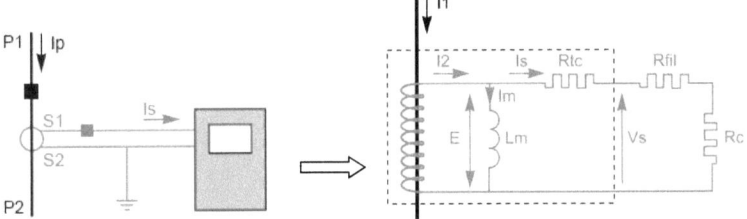

Fig. II.7 - Schéma équivalent du circuit secondaire d'un TC.

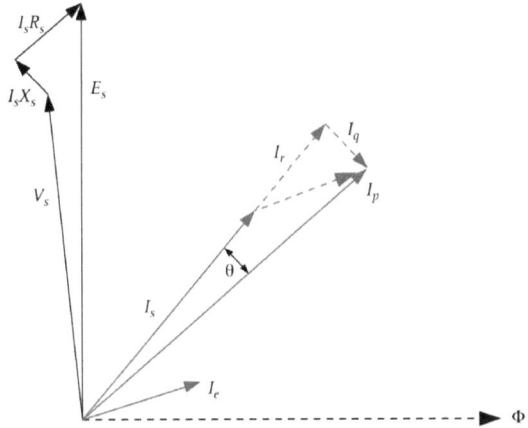

Fig. II.8 - Diagramme de Fresnel représenté le TC.

Avec : I_p : courant primaire,

       Is : courant secondaire pour un TC parfait,

       I_m : courant magnétisant,

       E : force électromotrice induite,

       V_s : tension de sortie,

       L_m : self de magnétisation (saturable) équivalente du TC,

       Φ : Flux magnétique,

       R_{tc} : résistance secondaire du TC,

       R_{fil} : résistance de la filerie de connexion,

       R_c : résistance de charge.

Suite la figure II.8, le courant secondaire est l'image parfaite du courant primaire dans le rapport de transformation. Mais le courant de sortie est entaché d'une erreur due au courant de magnétisation.

Un TC a une courbe de magnétisation unique (à une température et une fréquence données). Elle caractérise, avec le rapport de transformation, son fonctionnement.

Cette courbe de magnétisation Fig. II.9 (tension Vs, fonction du courant magnétisant Im) peut être divisée en trois zones :

1 - Zone non saturée : Im est faible et la tension Vs (donc Is) augmente de façon quasi proportionnelle au courant primaire.

2 - Zone intermédiaire : Il n'y a pas de réelle cassure de la courbe et il est difficile de situer un point précis correspondant à la tension de saturation.

3 - Zone saturée : la courbe devient quasiment horizontale ; l'erreur de rapport de transformation est importante, le courant secondaire est déformé par la saturation.

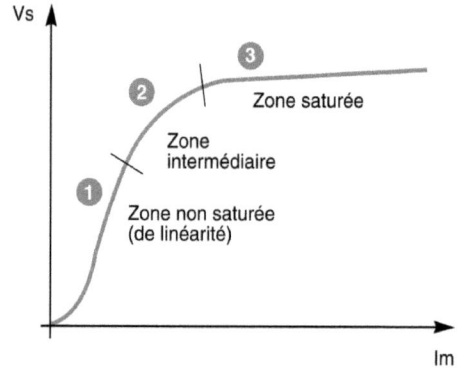

Fig. II.9 - Courbe de magnétisation (d'excitation) d'un TC.

II.5.1.5) - Caractéristiques

Le transformateur de courant est constitué de deux circuits, primaire et secondaire, couplés par un circuit magnétique. Avec plusieurs spires au primaire, l'appareil est de type bobiné. Avec un primaire réduit à un simple conducteur traversant le capteur, l'appareil est à barre passante (primaire intégré constitué par une barre de cuivre), ou traversant (primaire constitué par un conducteur non isolé de l'installation), ou tore (primaire constitué par un câble isolé).

- Les TC est caractérisés par les grandeurs suivantes (d'après les normes CEI 60044).

A) - Niveau d'isolement assigné

- C'est la tension la plus élevée à laquelle le primaire du TC est soumis.

- Rappelons que le primaire est au potentiel de la HT et le secondaire a très généralement une de ses bornes à la terre.

- Comme pour tout matériel, on définit également :
  - Une tension maximum de tenue 1min à fréquence industrielle,
  - Une tension maximum de tenue à l'onde de choc.

Exemple : en 24 kV de tension nominale, le TC doit supporter une tension de 50 kV pendant 1min à 50 Hz et une tension de 125 kV à l'onde de choc.

B) - Le rapport assigné de transformation

- Il est donné sous la forme du rapport des courants primaires et secondaires I_p / I_s.
- Valeurs normales des courant secondaire assigné est généralement 5 A ou 1 A.
- Valeurs normales des courants primaires assignés (en A) : 10 - 12,5 - 15 - 20 - 25 - 30 - 40 - 50 - 60 - 75 et leurs multiples ou sous-multiples décimaux.

C) - Précision

- Elle est définie par l'erreur composée pour le courant limite de précision.
- Le facteur limite de précision (FLP) est le rapport entre le courant limite de précision et le courant assigné.

Pour la classe P

- 5P10 signifie 5 % d'erreur pour $10 \times I_n$ et 10P15 signifie 10 % d'erreur pour $15 \times I_n$,
- 5P et 10P sont les classes de précision normalisées pour les TC de protection,
- $5.I_n$, $10.I_n$, $15.I_n$ et $20.I_n$ sont les courants limites de précision normalisés.

La classe PR

Elle est définie par le facteur de rémanence, rapport du flux rémanent au flux de saturation, qui doit être inférieur à 10 %. 5PR et 10PR sont les classes de précision normalisées pour les TC de protection.

La classe PX

Correspond à une autre façon de spécifier les caractéristiques d'un TC à partir de sa "tension de coude", la résistance secondaire et le courant magnétisant (réponse d'un TC en régime saturé).

C) - Puissance de précision

- Puissance apparente en VA, que le TC peut fournir au secondaire pour le courant secondaire assigné pour lequel la précision est garantie.
- La puissance est consommée par tous les appareils connectés ainsi que les fils de liaison.
- Si un TC est chargé à une puissance inférieure à sa puissance de précision, sa précision réelle est supérieure à la précision assignée, réciproquement un TC trop chargé perd en précision.

E) - Courant de courte durée admissible

Exprimé en kA efficace, le courant (I_{th}) maximum admissible pendant 1 seconde (le secondaire étant en court-circuit) représente la tenue thermique du TC aux surintensités. Le TC doit supporter le courant de court-circuit pendant le temps nécessaire à son élimination. Si le temps d'élimination t est différent de 1 seconde, le courant que le TC peut supporter est $I_{th} / \sqrt{(t)}$.

La tenue électrodynamique exprimée en kA crête est au moins égale à **2,5 x I_{th}.**

Remarques

- Il ne faut jamais laisser le secondaire d'un transformateur de courant ouvert,
- On ne peut pas utiliser un transformateur de courant en courant continu,
- Dans chaque phase de réseaux électrique en trouve un transformateur de courant

II.5.1.6) - Transformateur de courant à doubles enroulements :

A) - Double enroulements secondaires :

Ils sont montés sur deux circuits magnétiques indépendants (Fig. II.10). L'un deux est utilisé pour l'alimentation du comptage et mesure et a toujours une puissance d'au moins 10 VA en classe se précision égale 0,5. Son circuit magnétique doit se saturer à $2 . I_n$ pour la protection des appareils de comptage et mesure.

L'autre est utilisé pour l'alimentation des circuits de protection et a une puissance de 10 VA en classe se précision égale 1. Son circuit magnétique ne doit pas y avoir de saturation avant au moins 15 fois le courant nominal.

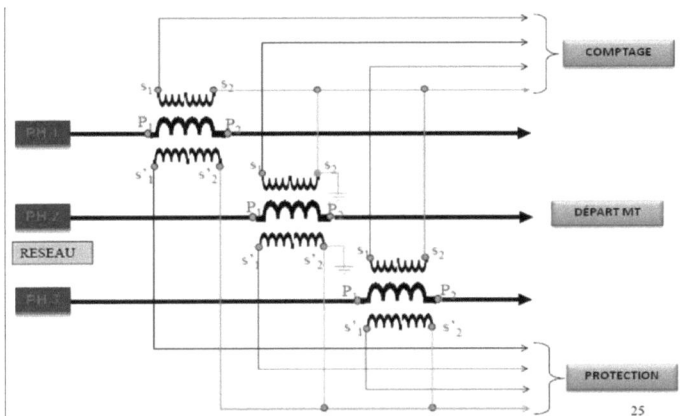

Fig. II.10 - TC avec double enroulements secondaires (comptage et protection).

B) - Double enroulements primaires

Il est obtenu par couplage série ou parallèle des enroulements primaires (Fig. II.11).

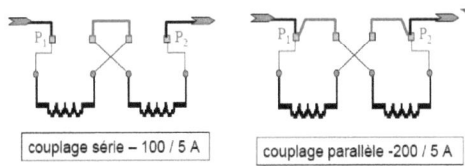

Fig. II.11 - Couplage d'un TC avec double enroulements primaires.

II.5.1.7) - Précautions importantes

Ne jamais laisser ouvert le secondaire d'un transformateur de courant lorsque le primaire est alimenté. Des tensions élevées peuvent apparaître aux bornes du circuit secondaire; elles peuvent être dangereuses pour l'homme et entraîner la destruction du transformateur de courant.

II.5.2) - Transformateur de tension

II.5.2.1) - Définition

Selon la définition donnée par la commission électrotechnique internationale (C.E.I), un transformateur de tension ou potentiel est un « transformateur de mesure dans lequel la tension secondaire est, dans les conditions normales d'emploi, pratiquement proportionnelle à la tension primaire et déphasée par rapport à celle-ci d'un angle voisin de zéro, pour un sens approprié des connexions ». On utilise aussi le terme transformateur de potentiel (TP).

Il s'agit donc d'un appareil utilisé pour la mesure de fortes tensions électriques. Il sert à faire l'adaptation entre la tension élevée d'un réseau électrique HTA ou HTB (jusqu'à quelques centaines de kilovolts) et l'appareil de mesure (voltmètre, ou wattmètre par exemple) ou le relais de protection, qui eux sont prévus pour mesurer des tensions de l'ordre de la centaine de volts.

La caractéristique la plus importante d'un transformateur de tension est donc son rapport de transformation, par exemple 400 000 V/100 V.

II.5.2.2) - Fonction

La fonction d'un transformateur de tension est de fournir à son secondaire une tension image de celle qui lui est appliquée au primaire. L'utilisation concerne autant la mesure que la protection. Les transformateurs de tension (TT ou TP) sont constitués de deux enroulements, primaire et secondaire, couplés par un circuit magnétique, les raccordements peuvent se faire entre phases ou entre phase et terre (Fig. II.12).

Avec, $m = \dfrac{V_2}{V_1}$: rapport de transformation de TT.

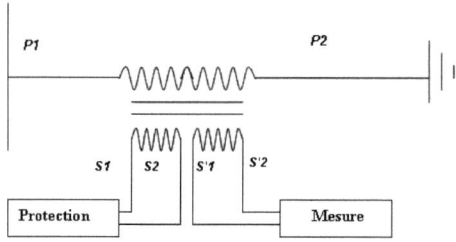

Fig. II.12 - Transformateur de tension avec double secondaire.

II.5.2.3) - Les différentes technologies industrielles

Trois technologies existent pour le transformateur de tension [7]:

II.5.2.2.1) - Transformateur de tension inductif

Il s'agit en fait d'un transformateur assez classique, mais prévu pour ne délivrer qu'une très faible puissance au secondaire.

C'est un véritable transformateur, dont le primaire reçoit la tension du réseau, et le secondaire restitue une tension image égale à 100 V entre phases lorsque la tension primaire est égale à la tension nominale. C'est le même enroulement qui fournit la tension aux protections et aux autres équipements.

Les difficultés rencontrées pour la réalisation de cet appareil sont [8], [10]:

- Fourniture d'une tension secondaire avec la précision requise lorsque la tension primaire est faible. En effet, dans ce cas, les phénomènes d'hystérésis sont particulièrement sensibles. Pour les appareils de précision on est conduit à utiliser des circuits magnétiques avec entrefer.

- Charges "piégées" lors de cycles de déclenchement et réenclenchement. En effet, après ouverture des disjoncteurs d'une phase saine, la phase reste chargée. Un régime oscillatoire amorti apparaît, créé par la capacité de la ligne et l'inductance de l'appareil. Elle peut être à très basse fréquence, ce qui provoque la saturation de son circuit magnétique. Au réenclenchement il fournit alors une tension très faible, ce qui peut entraîner un fonctionnement incorrect des protections. Là aussi, pour se prémunir de ce phénomène, il faut fonctionner avec une induction nominale faible, en utilisant un entrefer. Mais ceci conduit à une puissance de précision faible.

II.5.2.2.2) - Transformateur de tension capacitif

Transformateur de tension condensateur (TTC), ou transformateur de tension avec capacité conjuguée (CCVT en anglais) est un transformateur de puissance utilisé dans les systèmes de démissionner extra signaux haute tension et de fournir un signal basse tension, pour la mesure, ou d'opérer un relais de protection (Fig. II.13). Dans sa forme la plus basique, l'appareil se compose de trois parties: deux condensateurs à travers lesquels le signal de ligne de transmission est divisé, un élément inductif pour régler l'appareil sur la fréquence de ligne, et un transformateur d'isolement de l'activité en aval de la tension pour l'instrumentation ou la protection de relais.

L'appareil dispos d'au moins quatre terminaux: un terminal pour la connexion au signal haute tension, une borne de terre, et deux bornes du secondaire qui se connecte à l'instrumentation ou au relais de protection. Les TTC sont généralement à simple phase de dispositifs utilisés pour mesurer les tensions de plus d'une centaine de kilovolts où l'utilisation de transformateurs de tension ne serait pas rentable. Dans la pratique, le condensateur C_1 est souvent construit comme une pile de petits condensateurs connectés en série. Cela fournit une chute de tension importante sur C_1 et une baisse relativement faible tension aux bornes de C_2. Le TTC est également utile dans les systèmes de communication. Les TTC en combinaison avec des pièges d'ondes sont utilisées pour le filtrage des signaux haute fréquence de communication de la fréquence d'alimentation.

$$E_2 = E_{th} - I_1 \left[j\omega L + \frac{1}{J\omega(C_1 + C_2)} \right]$$

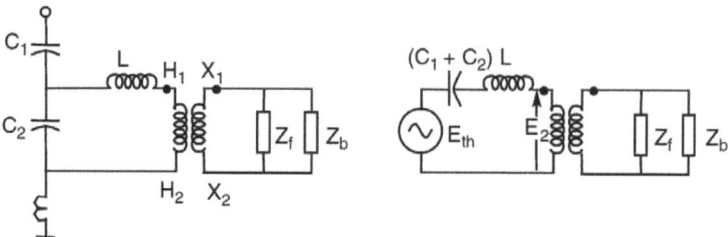

Fig. II.13 - Schémas équivalant d'un TTC (CCVT).

II.5.2.2.3) - Transformateur de tension optiques

Ces appareils sont encore expérimentaux. Ils utilisent l'effet des champs électriques et magnétiques sur le plan de polarisation de la lumière :

A) - Les réducteurs de tension utilisent l'effet Pokkels

On fait circuler un rayon laser polarisé à l'intérieur d'une fibre optique réalisée avec un verre de qualité particulière, flint lourd, et enroulée dans un champ électrique crée par la tension.

Le plan de polarisation de la lumière tourne d'un angle proportionnel à ce champ. Un analyseur et un amplificateur placés à l'extrémité de la fibre permettent d'obtenir un signal électrique image de la tension primaire.

B) - Les réducteurs de courant utilisent l'effet Faraday

On fait de même circuler un rayon laser polarisé à l'intérieur d'une fibre optique enroulée dans un champ magnétique crée par le courant primaire. Le plan de polarisation de la lumière tourne d'un angle proportionnel au champ magnétique. Le traitement est ensuite identique au précédent.

Ces appareils, outre les améliorations escomptées sur la précision, l'encombrement et le prix, ont l'avantage de s'affranchir totalement des problèmes de saturation. De plus les contraintes de sécurité inhérentes aux réducteurs classiques sont supprimées. Cependant ils ne sont compatibles qu'avec des protections à faible niveau d'entrée.

De plus, il n'existe pas, actuellement, de protocole de dialogue normalisé entre les réducteurs et les équipements utilisateurs: protections, automates. Ceci impose de confier au même constructeur l'ensemble réducteurs - protections, ce que les utilisateurs n'acceptent pas.

II.5.2.4) - Précautions importantes

Ne jamais court-circuiter les circuits secondaires d'un transformateur de tension alimenté au primaire, car celui-ci serait détruit en quelques secondes.

II.5.3) - Les relais de protection

II.5.3.1) - Définition

Les relais de protection sont des appareils qui reçoivent un ou plusieurs informations (signaux) à caractère analogique (courant, tension, puissance, fréquence, température, …etc.) et le transmettent à un ordre binaire (fermeture ou ouverture d'un circuit de commande) lorsque ces informations reçues atteignent les valeurs supérieures ou inférieures à certaines limites qui sont fixées à l'avance, Donc le rôle des relais de protection est de détecter tout phénomène anormal pouvant se produire sur un réseau électrique tel que le court-circuit, variation de tension. …etc.

Un relais de protection détecte l'existence de conditions anormales par la surveillance continue, détermine quels disjoncteurs ouvrir et alimente les circuits de déclenchement.

II.5.3.2) - Les types

Un relais de protection électrique, elle partagé en trois types :

A) - Les relais électromécaniques

Ce relais est basé sur le principe d'un disque d'induction actionné par des bobines alimentées par des variables électriques du réseau via des transformateurs de courant et de tension. Un ressort de rappel réglable détermine la limite de l'action du disque sur un déclencheur (points de réglage) [9], [10].

Les équipements électromécaniques sont des assemblages de fonctions : détection de seuils et temporisation. Ils avaient l'avantage d'être robustes, de fonctionner sans source d'énergie auxiliaire et d'être peu sensibles aux perturbations électromagnétiques. Ces relais se démarquent par leur solidité et leur grande fiabilité, pour cette raison, leur entretien est minime.

Ils sont réputés pour leur fiabilité dans les environnements de travail les plus délicats. Il est néanmoins souhaitable de les contrôler régulièrement, et la périodicité d'inspection dépend des conditions d'exploitation (Fig. II.14 et Fig. II.15).

Les inconvénients de ces dispositifs, qui demeurent néanmoins largement rencontrés, sont :
* Le risque d'être hors d'état de fonctionner entre deux périodes de maintenance,
* Le manque de précision, le dispositif étant sensible à son environnement et aux phénomènes d'usure,

47

- Il est aussi difficile d'obtenir des réglages adaptés aux faibles courants de court-circuit,
- Son coût de fabrication est élevé,
- Des performances insuffisantes et n'autorisent l'emploi que de fonctions élémentaires simples, en nombre limité et sans redondance,

A cause de ces inconvénients, ce type de protection tend à disparaître à l'heure actuelle.

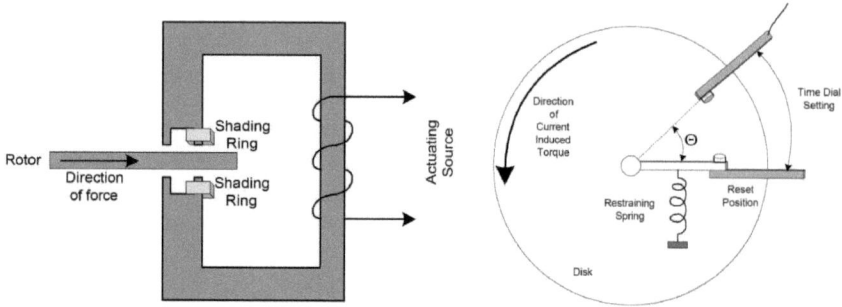

Fig. II.14 - Relais électromagnétique à induction par disque simple.

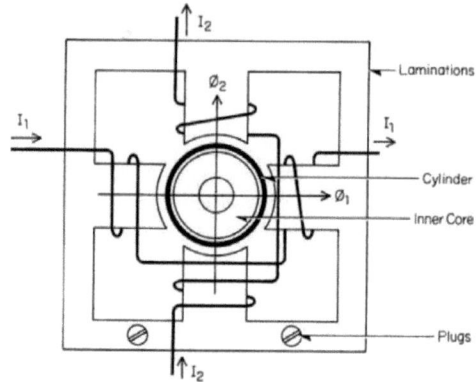

Fig. II.15 - Relais électromagnétique à induction par disque cylindrique.

B) - Les relais statique

Le développement de l'électronique a poussé les protections vers l'utilisation des composants électroniques discrets et les relais statiques. Ces protections, apparues sur le marché dans les années 1970, sont basées sur le principe de la transformation de variables électriques du réseau, fournies par des transformateurs de courant et de tension, en signaux électriques de faible voltage qui sont comparés à des valeurs de référence (points de réglage).

Les circuits de comparaison fournissent des signaux temporisations qui actionnent des relais de sortie à déclencheurs. Ces dispositifs nécessitent en général une source d'alimentation auxiliaire continue :

- Ils procurent une bonne précision et permettent la détection des faibles courants de court-circuit.
- Chaque unité opère comme une fonction unitaire et plusieurs fonctions sont nécessaires pour réaliser une fonction de protection complète.

Les inconvénients de ces dispositifs demeurent :

- Le risque d'être hors d'état de fonctionner entre deux périodes de tests,
- La grande puissance consommée en veille,
- La faible sécurité de fonctionnement (pas de fonction d'autocontrôle).

C) - Les relais numériques

La technologie numérique a fait son apparition au début des années 1980. Avec le développement des microprocesseurs et des mémoires, les puces numériques ont été intégrées aux équipements de protection.

Les protections numériques, sont basées sur le principe de la transformation de variables électriques du réseau, fournies par des transformateurs de mesure, en signaux numériques de faible voltage. L'utilisation de techniques numériques de traitement du signal permet de décomposer le signal en vecteurs, ce qui autorise un traitement de données via des algorithmes de protection en fonction de la protection désirée. En outre, ils sont équipés d'un écran d'affichage à cristaux liquides sur la face avant pour le fonctionnement local.

Ces dispositifs nécessitant une source auxiliaire, offrent un excellent niveau de précision et un haut niveau de sensibilité. Ils procurent de nouvelles possibilités, comme :

- Intégration de plusieurs fonctions pour réaliser une fonction de protection complète dans une même unité,
- Le traitement et le stockage de données,
- L'enregistrement des perturbations du réseau (perturbographe),
- Le diagnostic des dispositifs connectés (disjoncteurs, ...etc.).

Ces modèles intègrent des possibilités d'autotest et d'autocontrôle qui augmentent leur continuité de fonctionnement tout en réduisant la durée et la fréquence des opérations de maintenance. En plus des fonctions de protection, ces équipements disposent également de fonctions complémentaires facilitant leur fonctionnement.

Les liaisons séries permettent de les paramétrer depuis un micro-ordinateur et de les connecter à un système de contrôle commande au niveau local et central. Ils permettent aussi de bénéficier des récentes découvertes dans le domaine de l'intelligence artificielle, comme les réseaux neuronaux et la logique floue.

II.5.4) - Disjoncteur moyenne tension

II.5.4.1) - Définition et rôle

Selon la définition de la Commission électrotechnique internationale (C.E.I), un disjoncteur à MT est destiné à établir, supporter et interrompre des courants sous sa tension assignée (la tension maximale du réseau électrique qu'il protège) à la fois :

- Dans des conditions normales de service, par exemple pour connecter ou déconnecter une ligne dans un réseau électrique,
- Dans des conditions anormales spécifiées, en particulier pour éliminer un court-circuit, et les conséquences de la foudre.

De par ses caractéristiques, un disjoncteur est l'appareil de protection essentiel des réseaux électrique HTA, car il est seul capable d'interrompe un courant de court-circuit et donc éviter que le matériel soit endommagé par ce court-circuit.

II.5.4.2) - Principe de fonctionnement

La coupure d'un courant électrique par un disjoncteur à MT est obtenue en séparant des courants dans un gaz (air, SF6, etc.) ou dans un milieu isolant (par exemple à vide). Après la séparation des contacts, le courant continue de circuit à travers un arc électrique qui s'est établi entre les contacts du disjoncteur (Fig. II.16).

Pour le disjoncteur à MT, le principe de coupure retenu est la coupure du courant lorsqu'il passe par zéro (ceci se produit toutes les dix millisecondes dans le cas d'un courant alternatif à 50 Hz). En effet, c'est à cet instant que la puissance qui est fournie à l'arc électrique par le réseau est minimal (cette puissance fournie est même nulle à l'instant où la valeur instantanée du *courant est nulle*) [11].

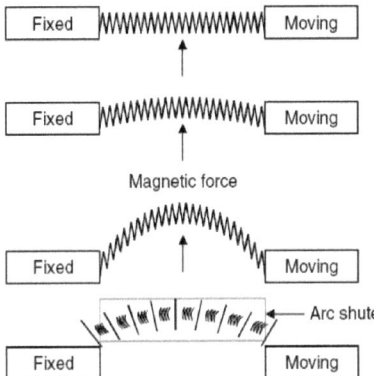

Fig. II.16 - Arc électrique entre les contacts d'un disjoncteur MT.

II.5.4.3) - Essais

Les essais de type ont pour but de vérifier les caractéristiques du disjoncteur HTA, de ses dispositifs de commande et des équipements auxiliaires. En principe, chaque essai de type doit être effectué sur un disjoncteur à l'état neuf et propre et les divers essais de type peuvent être effectués à des époques différentes et en des lieux différents.

A) - Essais type : Les essais de type obligatoires suivant la norme CEI-56 sont :

- Les essais diélectriques :
    - Essai de choc de foudre,
    - Essai de tenue à la fréquence industrielle du circuit principal, des auxiliaires.

- Les essais d'échauffement et de mesure de la résistance du circuit principal,
- Les essais de courant admissible de courte durée,
- Les essais de courant de crête admissible,
- Les essais mécaniques et climatiques :
    - Essais de fonctionnement mécaniques à la température de l'air ambiant,
    - Essais à haute et basse température.

- Les essais d'établissement et de coupure de courants de court-circuit,
- Les essais d'établissement et de coupure de courants capacitifs,
- Les essais d'établissement et de coupure de faibles courants inductifs.

B) - Essais routine

Les essais de routine ont pour but de vérifier les caractéristiques du disjoncteur HTA, ses dispositifs de commande et ses équipements auxiliaires. Ils sont réalisés par le constructeur, en usine, pour chaque appareil. Les essais de routine sont :

- Le fonctionnement mécanique,
- La mesure des durées de manœuvre des auxiliaires,
- La chute de tension maximale du circuit principal,
- Le contrôle d'étanchéité,
- Le temps de fermeture en cycle rapide,
- Les essais diélectriques à la fréquence industrielle,
- La vérification de la chaîne de déclenchement pour les disjoncteurs à protection intégrée.

II.5.4.4) - Caractéristiques électrique : suivant la norme CEI 56-87

Tension assignée :

La tension assignée est la valeur efficace maximale de la tension que le matériel peut supporter en service normal. Elle est toujours supérieure à la tension de service.

Niveau d'isolement assigné :

Le niveau d'isolement fixe la tenue diélectrique des matériels de manœuvre et l'onde de choc de foudre. Il est caractérisé par deux valeurs :

- La tenue à l'onde de choc (1,2/50 µs),
- La tenue à la fréquence industrielle pendant une minute.

Courant assigné en service continu

Un disjoncteur étant toujours fermé, le courant de charge doit circuler sans emballement thermique.

Courant de courte durée admissible

C'est la valeur efficace du courant de court-circuit admissible en kA sur un réseau pendant 1 ou 3 secondes, et calculée selon la formule suivant : $I_{cc} = \dfrac{S_{cc}}{\sqrt{3}.U_s}$

Tension assignée d'alimentation de circuits auxiliaires

Valeurs de tension d'alimentation des bobines d'ouverture et fermeture

Séquence de manœuvre assignée :

Séquence de manœuvres assignée suivant CEI ; O - t - CO - t' - CO

Avec, O : représente une manœuvre d'ouverture,
       CO: représente une manœuvre de fermeture suivie immédiatement d'une manœuvre
d'ouverture.

Pouvoir de coupure en court-circuit

   Le pouvoir de coupure assigné en court-circuit est la valeur la plus élevée du courant que le
disjoncteur peut couper sous sa tension assignée dans un circuit dont la tension transitoire de
rétablissement (TTR) répond à une spécification précise.

II.5.4.5) - Différentes techniques de coupure d'arc électrique

Le disjoncteur moyen tension peut être [11]:

A) - Disjoncteur à huile

   L'huile qui servait déjà comme isolant a été utilisée dès le début du siècle comme milieu de
coupure car cette technique permet la conception d'appareils relativement simples et économiques.
Les disjoncteurs à huile ont été utilisés principalement pour les tensions de 5 à 30 kV (Fig. II.17).

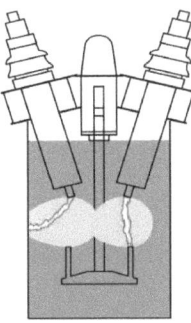

Fig. II.17 - Chambre de coupure d'un disjoncteur à coupure dans l'huile.

- Disjoncteurs à faible volume d'huile

L'arc et la bulle sont confinés dans un pot de coupure isolant. La pression du gaz augmente lors du passage de l'arc dans une succession de chambres puis, quand le courant passe par zéro, se détend à travers une buse sur la zone d'arc.

- Disjoncteurs à grand volume d'huile

Dans les premiers appareils utilisant l'huile, l'arc se développait librement entre les contacts créant des bulles de gaz non confinées. Afin d'éviter des amorçages entre phases ou entre bornes et masse, ces bulles ne doivent en aucun cas atteindre la cuve ou se rejoindre. Les appareils dimensionnés en conséquence, atteignent des dimensions extrêmement grandes.

En MT d'autres techniques ont été préférées car la coupure dans l'air présente plusieurs inconvénients:

- Encombrement de l'appareillage (dimensions plus grandes à cause de l'allongement de l'arc),
- Pouvoir de coupure influencé par la présence des cloisons métalliques de la cellule contenant l'appareil et par l'humidité de l'air,
- Coût et bruit.

Cette technique de coupure a été très employée dans tous les domaines, du transport et de la distribution de l'énergie électrique. Progressivement, elle est supplantée par les techniques de coupure dans le vide et dans le SF6, techniques qui ne présentent pas les inconvénients présentés dans les paragraphes précédents.

B) - Disjoncteur à air comprimé

L'air comprimé est utilisé (Fig. II.18) pour assurer les fonctions suivantes :

- Refroidissement et allongement de l'arc, entraînement des particules ionisées,
- Après passage à zéro du courant, refroidissement de la colonne ionisée résiduelle et entraînement des particules ionisées restant dans l'espace entre contacts,
- Après l'extinction de l'arc, apparition d'une rigidité diélectrique élevée, d'autant plus élevée que la pression d'air est importante.

Les inconvénients de ce type sont :

- nécessité d'une station d'air comprimé,
- bruit violent,
- appareil plus cher.

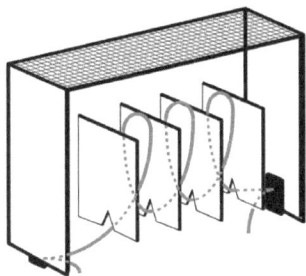

Fig. II.18 - Chambre de coupure d'un disjoncteur à coupure dans l'air
(Disjoncteur de type Solénarc, Marque : Merlin Gerin).

C) - Disjoncteur à gaz SF6

La mise au point de nouvelles générations de disjoncteur SF 6 (hexafluorure de soufre) très performantes a entrainé dans les années 1970 la suprématie des appareils SF_6 dans la gamme 7,2 kV à 245 kV. Sur le plan technique, plusieurs caractéristiques des disjoncteurs SF_6 peuvent expliquer leur succès [12]:

- La simplicité de la chambre de coupure qui ne nécessite pas de chambre auxiliaire pour la coupure,
- L'autonomie des appareils apportée par la technique auto-pneumatique (sans compresseur de gaz),
- La possibilité d'obtenir les performances les plus élevées, jusqu'à 63 kA,
- Le nombre de chambres de coupure est réduit (01 chambre en 245 kV, 02 chambres en 420 kV, 03 chambres pour la ligne de 550 kV et 04 en 800 kV),
- Une durée d'élimination de court-circuit court, de 2 à 2,5 cycles en réseau THT,
- La duré de vie d'au moins de 25 ans,
- Faible niveau de bruit,
- Zéro maintenance (régénération du gaz SF6 après coupure),
- Eteint l'arc dix fois mieux que l'air.

- L'un des inconvénients de ce type d'appareil est son prix élevé.

D) - Disjoncteur à vide

En principe le vide est un milieu diélectrique idéal : il n'y a pas de matière donc pas de conduction électrique. Cependant, le vide n'est jamais parfait et de toute façon a une limite de tenue diélectrique. Malgré tout, le « vide » réel a des performances spectaculaires : à la pression de 10-6 bars, la rigidité diélectrique en champ homogène peut atteindre une tension crête de 200 kV pour une distance inter électrodes de 12 mm (Fig. II.19).

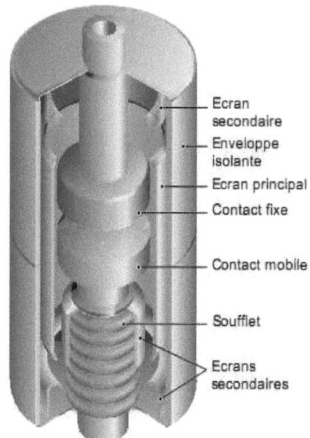

Fig. II.19 - Constitution d'une ampoule de coupure dans le vide.

Tous les constructeurs ont été confrontés aux mêmes exigences :

- Réduire le phénomène d'arrachement de courant pour limiter les surtensions,
- Éviter l'érosion précoce des contacts pour obtenir une endurance élevée,
- Retarder l'apparition du régime d'arc concentré pour augmenter le pouvoir de coupure,
- Limiter la production de vapeurs métalliques pour éviter les re-claquages,
- Conserver le vide, indispensable pour garder les performances de coupure, pendant la durée de vie de l'appareil.

C'est en MT que cette technique est la plus employée: des disjoncteurs d'usage général sont maintenant disponibles pour les différentes applications avec tous les pouvoirs de coupure habituels (jusqu'à 63 kA). Ils sont utilisés pour la protection et la commande.

II.5.5) - Fusible moyenne tension

II.5.5.1) - Généralités

Les fusibles moyennes tensions (Fig. II.20) offrent une protection des dispositifs de distribution moyenne tension (de 3 à 36 kV) contre des effets dynamiques et thermiques causés par les court-circuits plus élevés que le courant minimal de coupure du fusible.

Etant donné leur faible coût d'acquisition et ne nécessitant aucune maintenance, la fusible moyenne tension sont une excellente solution pour la protection de différents types de dispositifs de distribution:

- Des récepteurs MT (transformateurs, moteurs, condensateurs... etc.),
- Des réseaux de distribution électrique publique et industrielle.

Ils offrent une protection sûre contre des défauts importants qui peuvent survenir d'une part sur les circuits moyenne tension, d'autre part sur les circuits basse tension. Cette protection peut être accrue en combinant les fusibles avec des systèmes de protection basse tension ou un relais de surintensité. Les caractéristiques les plus importantes qui définissent notre gamme de fusibles sont les suivantes :

- Haut pouvoir de coupure,
- Basses valeurs de I^2t,
- Interruption sûre des courants critiques,
- Baisse puissance dissipée,
- Utilisables pour l'intérieur et l'extérieur,
- Avec percuteur thermique,
- Basses valeurs d'intensité minimale de coupure.

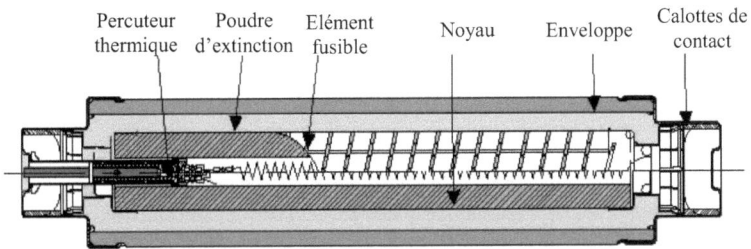

Fig. II.20 - Coupe schématique d'un fusible MT.

II.5.5.2) - Caractéristiques

Tension assignée (Un)

C'est la tension entre phases (exprimée en kV) la plus élevée du réseau sur laquelle pourra être installé le fusible. Dans la gamme moyenne tension, des tensions assignées préférentielles ont été fixées : 3,6 - 7,2 - 12 - 17,5 - 24 et 36 kV [10], [11].

Courant assigné (In) :

C'est la valeur du courant que le fusible peut supporter en permanence sans échauffement anormal.

Courant minimal de coupure assigné (I3)

C'est la valeur minimale du courant qui provoque la fusion et la coupure du fusible. Ces valeurs sont comprises entre 3 et 5 fois la valeur de I_n.

Remarque

Il ne suffit pas pour un fusible de fondre pour interrompre le passage du courant. Pour des valeurs de courant inférieures à I3, le fusible fond, mais peut ne pas couper le courant. L'arc reste maintenu jusqu'à ce qu'une intervention extérieure interrompe le courant. Il est donc impératif d'éviter la sollicitation d'un fusible dans la zone comprise entre In et I3.

Courants critiques (I2) : (courants donnant des conditions voisines de l'énergie d'arc maximale).

Cette intensité soumet le fusible à une plus grande sollicitation thermique et mécanique. La valeur de I2 varie entre 20 et 100 fois la valeur de In, selon la conception de l'élément fusible. Si le fusible peut couper ce courant, il peut aussi garantir la coupure de courant pour toutes les valeurs comprises entre I3 et I1.

Courant maximal de coupure assigné (I1)

C'est le courant présumé de défaut que le fusible peut interrompre. Cette valeur est très élevée (allant de 20 à 63 kA).

Remarque *:* il est nécessaire de s'assurer que le courant de court-circuit du réseau est au plus égal au courant I1 du fusible utilisé.

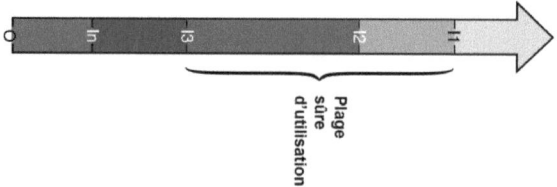

Fig. II.21 - Les zones de fonctionnement des fusibles HTA.

I.5.5.3) - Courbes de fusion temps/courant

C'est la courbe qui représente le temps virtuel de fusion ou pré arc (Fig. II.22), en fonction de la valeur de la composante symétrique de l'intensité prévue. Une soigneuse sélection de tous les éléments qui composent les fusibles, ainsi qu'un sévère contrôle de fabrication, assurent aux clients l'exactitude des courbes temps-courants, bien en dessous des limites de tolérance admises par la norme CEI 60282-1.

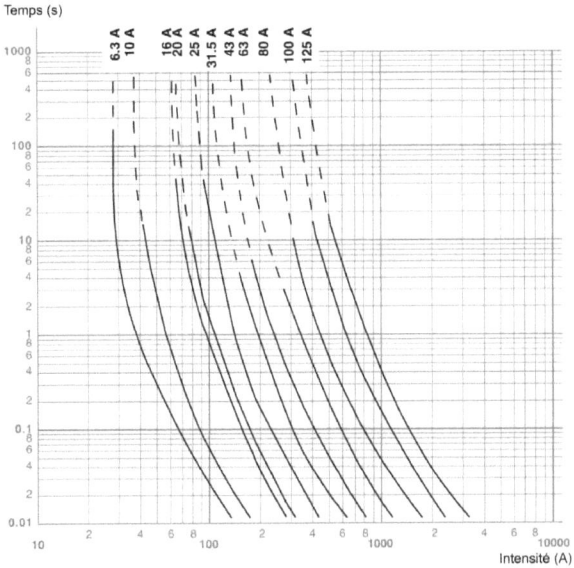

Fig. II.22 - Courbes de fusion et de limitation, Merlin Gerin, type: Soléfuse.

II.6) - Conclusion

Dans ce chapitre, il nous a paru nécessaire de donner assez d'informations sur les différents éléments qui composent un système de protection moyenne tension. Ces éléments sont très importants, très sensibles et doivent être bien choisis et bien réglés afin d'assurer une protection efficace contre les différents types d'anomalies qui peuvent survenir sur le réseau électrique.

Chapitre III
Les Différents Types des Protections Electriques

III.1) - Introduction

L'étude des protections d'un réseau se décompose en deux étapes distinctes :

> ➤ La définition du système de protection, appelée plan de protection,

> ➤ La détermination des réglages de chaque unité de protection, appelée coordination des protections ou sélectivité.

Un système de protection, c'est le choix des éléments de protection et de la structure globale de l'ensemble, de façon cohérente et adaptée au réseau. Le système de protection se compose d'une chaîne constituée des éléments suivants :

> ➤ Les capteurs de mesure (courant et tension) fournissant les informations de mesure nécessaires à la détection des défauts,

> ➤ Les relais de protection, chargés de la surveillance permanente de l'état électrique du réseau, jusqu'à l'élaboration des ordres d'élimination des parties défectueuses, et leur commande par le circuit de déclenchement,

> ➤ Les organes de coupure dans leur fonction d'élimination de défaut : disjoncteurs, interrupteurs fusibles.

III.2) - Zone de Protection

En plus des performances que doivent avoir les relais, il faut savoir les placer correctement pour les rendre plus efficaces.

Pour atteindre cet objectif, on découpe le réseau industriel en zones délimitées par les positions des organes de coupure.

La figure III.1 montre une disposition caractéristique des zones de protection, correspondant respectivement à des sections de ligne, des jeux de barres, des transformateurs des machines. Ces zones se recouvrent pour ne laisser aucun point de l'installation sans protection [13].

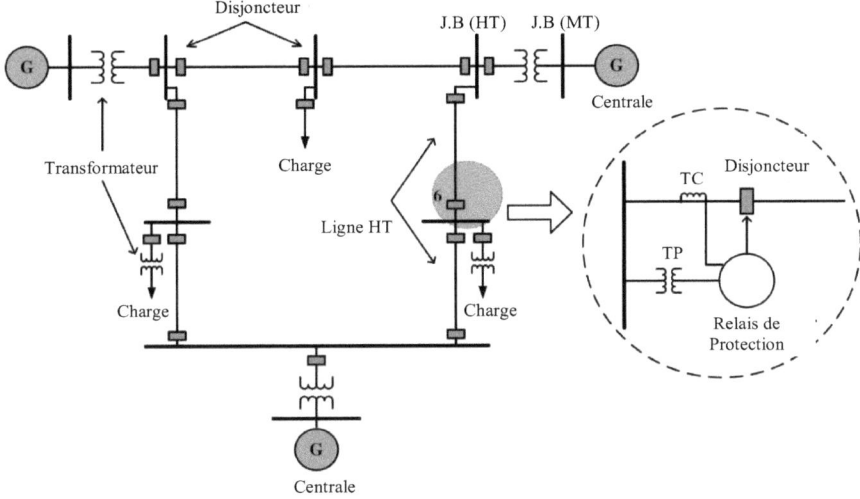

Fig. III.1 - Les zones de protection d'un réseau électrique.

III.3) - Protection des transformateurs HT / MT

III.3.1) - Introduction

Un transformateur est une machine statique destinée à transformer un courant alternatif donné en un autre courant alternatif de même fréquence, mais de tension en général différente. Ces appareils sont très utilisés sur le réseau de transport où ils servent à convertir à des tensions différentes l'énergie électrique transitée.

En effet, le transport de cette énergie s'effectue avec des pertes dont l'importance est liée à la tension du réseau, puisque ces pertes sont proportionnelles au carré de l'intensité du courant (pertes joule). Il est donc nécessaire de transporter cette énergie en haute et très haute tension. Bien entendu, il faudra procéder à la transformation inverse en arrivant dans les centres de consommation afin de délivrer l'énergie électrique et la tension du réseau de distribution [14].

Le transformateur est l'équipement le plus important dans un poste de transport. Son coût est extrêmement élevé et son immobilisation en cas d'incident est toujours très longue. Pour cette raison, il doit être envisagé de sorte à réduire au maximum l'effet des éventuels incidents. Ceci peut s'effectuer via un système de protection très sophistiqué.

III.3.2) - Principe de fonctionnement de transformateur

Il existe plusieurs façons de connecter les enroulements, pour les transformateurs triphasés de puissance, on rencontre surtout les couplages étoile-étoile et étoile-triangle. En pratique, on utilise des présentations schématiques telles que celles de la figure III.2.

Les enroulements primaires sont repérés par des grandes lettres A, B, C, N et les enroulements secondaires par des petites lettres a, b, c, n.

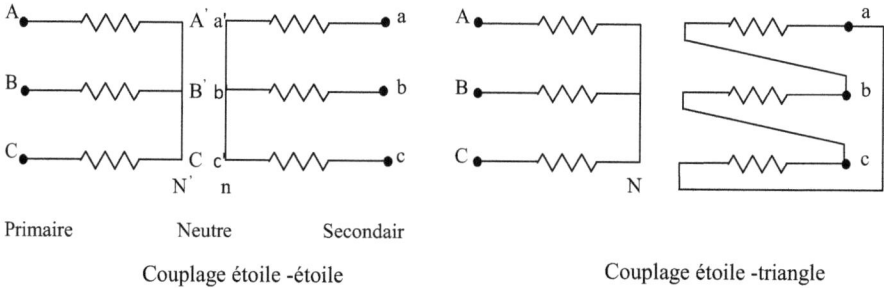

Fig. III.2 - Couplage des enroulements des transformateurs.

Par ailleurs, pour certains transformateurs de distribution, les enroulements du secondaire sont connectés en « zigzag ». Dans ce cas, chaque bobinage est divisé en deux moitiés sur deux noyaux différents et mises en série en sens inverse. Ce schéma évite les déséquilibres d'ampères-tours des autres montages.

III.3.3) - Transformateurs spéciaux à trois enroulements

Certains transformateurs comportent trois enroulements, appelés primaire, secondaire, et tertiaire, bobinés sur un même circuit magnétique (Fig. III.3). Un exemple en monophasé est donné figure 4, ainsi que le schéma équivalent qui peut servir pour l'étude des appareils triphasés.

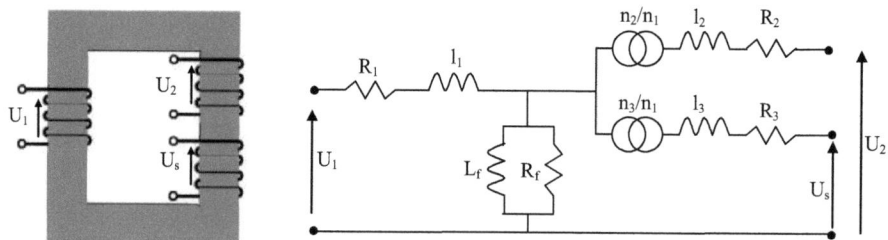

Schéma équivalent pour le système direct

Fig. III.3 - Transformateurs à trois enroulements.

Ce schéma peut s'établir à partir des équations donnant l'expression des tensions U_1, U_2 et U_3 en fonction des résistances et inductances des enroulements et des différentes mutuelles entre enroulements prix deux à deux.

En général, le tertiaire est connecté en triangle et sa puissance nominale est nettement plus faible que celle des deux enroulements principaux. Il peut être utilisé pour connecter un compensateur ou une réactance ou un transformateur de services auxiliaires ; il peut aussi n'avoir qu'un rôle de stabilisation.

La mise en œuvre des grandeurs réduites d'impédance nécessite l'utilisation d'une même puissance de base : on prend le plus souvent comme référence la puissance nominale de l'enroulement le plus puissant [14].

Pour l'établissement du schéma équivalent en régime homopolaire, on se rappellera qu'un enroulement bobiné en triangle constitue un court-circuit pour les forces électromotrices qui y sont induites ; ainsi, un transformateur de couplage Yyd aura un schéma homopolaire tel celui représenté à la figure III.4.

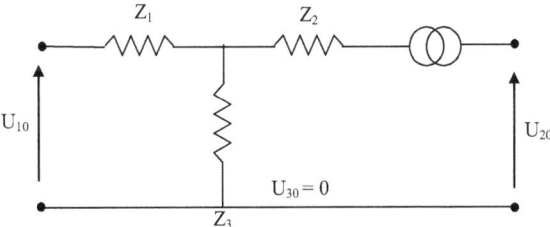

Fig. III.4 - Schéma homopolaire.

III.3.4) - Autotransformateurs

Les transformateurs que nous avons vus jusqu'ici ne comportaient aucune liaison galvanique entre enroulements homologues. Les autotransformateurs qui, par construction, possèdent une telle liaison entre primaire et secondaire peuvent réaliser des fonctions identiques à celles des transformateurs.

La raison de leur utilisation réside dans le fait qu'à puissance traversante égale, le dimensionnement d'un autotransformateur est plus faible que celui d'un transformateur.

L'Autotransformateur triphasés c'est un transformateur en plus utilisés dans le réseau de transport et de répartition de l'énergie où ils servent de lien entre le réseau 400 kV et le réseau 225 kV. Ils sont toujours couplés en étoile, et l'étude est la même que pour les transformateurs triphasés. On obtient un schéma équivalent semblable à ceux qui ont déjà présentés aux figures pour les appareils à deux enroulements.

Les appareils utilisés sur le réseau de transport comportent un enroulement tertiaire d'équilibrage, connecté en triangle, sur lequel on peut raccorder, soit une résistance, soit un transformateur de services auxiliaires. Ces appareils ont donc un schéma monophasé équivalent semblable. Signalons que, par construction, tout défaut biphasé est exclu sur l'enroulement tertiaire grâce à un système de cloisons, à l'extérieur de l'appareil.

Les transformateurs de services auxiliaires et les réactances connectées au tertiaire d'un autotransformateur sont cloisonnés inférieurement. De plus, les enroulements tertiaires d'autotransformateurs et de transformateurs de puissance sont en général protégés par des parafoudres.

En rappelant U_1, U_2, I_1 et I_2 les tensions et courants, on a les relations suivantes :

$$U_1 = U_d \qquad\qquad U_2 = U_d + U_s$$
$$I_2 = I_s \qquad\qquad I_1 - I_2 = I_s$$

Le flux par spire est sensiblement constant et en première approximation $\dfrac{U_2}{U_1} = \dfrac{n_2}{n_1}$; la loi des ampères-tours conduit à au courant à vide, soit : $\dfrac{I_2}{I_1} = \dfrac{n_1}{n_2}$ On trouve l'égalité des puissances primaire et secondaire.

Le transformateur est un élément particulièrement important d'un réseau. Il est nécessaire de le protéger efficacement contre tous les défauts susceptibles de l'endommager qu'ils soient **internes** ou **externes**.

III.3.5) - Protection externe [16]

III.3.5.1) - Protection à maximum de courant phase

Le transformateur HT/MT sera en général protégé par deux protections à maximum de courant, Protection coté haute tension (HT) et Protection coté moyenne tension (MT).

A) - Protection à maximum de courant coté HT

C'est une protection contre les surcharges du transformateur et constitue, dans les limites de son réglage, une réserve aux protections maximum de courant coté MT, un seuil d'intervention à temps constant, et devra être réglée comme suit:

$$I_{réglage} = 2.I_{n1} \qquad\qquad Temps = 2,5\sec$$

Où, I_{n1} : est le courant nominal du transformateur côté HT.

B) - Protection à maximum de courant coté MT

C'est une protection contre les surcharges du transformateur et constitue, dans les limites de son réglage, une réserve aux protections de ligne MT.

Elle sera à un seuil d'intervention à temps constant, et devra être réglée comme suit:

$$I_{réglage} = 1,3 - 1,4.I_{n2} \qquad\qquad Temps = 2,0\,\text{sec}$$

Où, I_{n2} est le courant nominal du transformateur côté MT.

Le choix du temps d'intervention est déterminé aussi bien par l'impératif d'assurer la sélectivité avec la protection de la ligne MT que par la nécessité de permettre la surcharge du transformateur durant de courts laps de temps, suffisants à l'accomplissement des transferts de charge.

III.3.5.2) - Protection de neutre MT :

La protection cotée haute tension sera à deux seuils d'intervention à temps constant.

Le premier seuil devra être réglé à:

$$I_{réglage} = 2 - 3.I_{n1} \qquad\qquad Temps = 0,8\,\text{sec}$$

Si on a un seul disjoncteur en aval du disjoncteur au départ MT.

Où: t = 0,5 sec, si on n'a aucun disjoncteur en aval,
  I_{n1}: Est le courant nominal du transformateur coté HT.

Il est réglé de façon à intervenir pour des courts-circuits intéressant le transformateur, tout en gardant la sélectivité avec les lignes MT.

Il constitue aussi la réserve de la protection de la ligne dans les limites permises par son réglage.

Le second seuil devra être réglé à:

$$1,3.S_{nT}.\frac{100}{\sqrt{3}}.V_{n1}.V_{cc} \qquad\qquad Temps = 0,0\,\text{sec}$$

Où,

1,3 : Coefficient d'insensibilité au défaut MT,

S_{nT} : Puissance nominale du transformateur en VA,

V_{cc} : Tension de court-circuit du transformateur en %,

V_{n1} : Tension composée nominale du transformateur côté HT en Volte,

I_{n1} : Courant nominal du transformateur côté HT en Ampère.

Le deuxième seuil, côté HT, a pour but d'éliminer rapidement les courts-circuits sur le primaire du transformateur et son courant d'intervention est tel qu'il n'est pas sensible aux courts-circuits dans la tranche MT.

Ce relais est prévu pour assurer la protection de la liaison reliant les bornes transformatrices et les barres MT contre les défauts à la terre. Il réalise aussi le secours du seuil homopolaire des protections des départs MT. Le réglage de cette protection est choisi inférieur au courant de réglage homopolaire du départ MT le plus bas réglé.

$$I_{réglage} = 0,95.I_{RH} \qquad\qquad Temps = T_{MT} + \Delta.T$$

Avec,

I_{RH} : Le courant du départ le plus bas réglé,

T_{MT} : Temporisation la plus élevée sur les départs MT.

L'action de cette protection est instantanée. Son seuil de fonctionnement est choisi égal à 5 % du courant de défaut monophasé au primaire du transformateur (coté HT).

$$I_{réglage} = 0,05.I_{cc-mono} \qquad\qquad Temps = 0 \sec$$

III.3.5.3) - Protection différentielle

La protection différentielle est obtenue par la comparaison de la somme des courants primaires à la somme des courants secondaires. L'écart de ces courants ne doit pas dépasser une valeur i0 pendant un temps supérieur à t0, au-delà il y a déclenchement [15].

La protection différentielle transformateur est une protection principale aussi importante que les protections internes transformatrices. Cette protection à une sélectivité absolue, il lui est demandé, en plus, d'être très stable vis-à-vis des défauts extérieurs.

Le principe de fonctionnement de la protection est basé sur la comparaison des courants rentrants et des courants sortants du transformateur.
Cette protection s'utilise:

- Pour détecter des courants de défaut inférieurs au courant nominal,
- Pour déclencher instantanément puisque la sélectivité est basée sur la détection et non sur la temporisation.

La stabilité de la protection différentielle est sa capacité à rester insensible s'il n'y a pas de défaut interne à la zone protégée même si un courant différentiel est détecté [15]:

- Courant magnétisant de transformateur,
- Courant capacitif de ligne,
- Courant d'erreur dû à la saturation des capteurs de courant.

A) - Protection différentielle à haute impédance

La protection différentielle à haute impédance est connectée en série avec une résistance (R_s) de stabilisation dans le circuit différentiel (Fig. III.5).

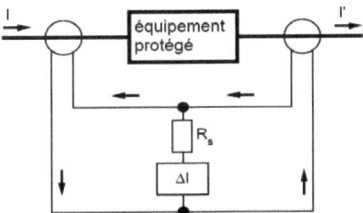

Fig. III.5 - Schéma de protection différentielle à haute impédance.

B) - Protection différentielle à pourcentage

La protection différentielle à pourcentage (Fig. III.6) est connectée indépendamment aux circuits des courants I et I'. La différence des courants (I - I') est déterminée dans la protection, et la stabilité (1) de la protection est obtenue par une retenue relative à la mesure du courant traversant (I+I') / 2.

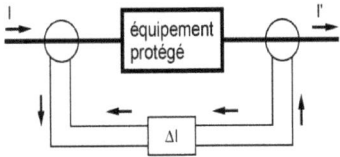

Fig. III.6 - Schéma de protection différentielle à pourcentage.

C) - Réglage de relais de protection

D'une façon générale, plusieurs paramètres sont à l'origine de l'existence d'un courant différentiel circulant dans le relais en régime de fonctionnement à vide ou en charge d'un transformateur:

- Les rapports de transformation,
- Le couplage des enroulements,
- Le courant à vide,
- Les erreurs des transformateurs de courant.

Avec tous ces paramètres, il est impossible d'obtenir un courant différentiel nul, c'est la raison pour laquelle on adopte des protections différentielles à pourcentage sur les transformateurs. Le courant différentiel limite de fonctionnement peut être réglé entre 20 % et 50 % du courant nominal de la protection (Fig. III.7).

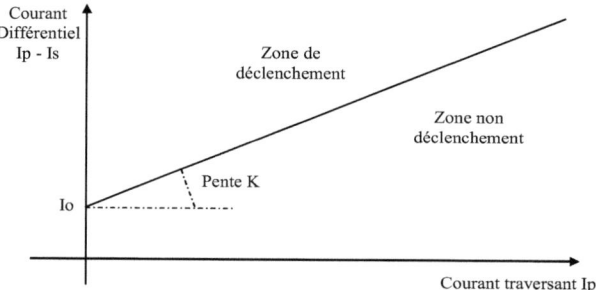

Fig. III.7 - Courbe de déclenchement de la protection différentielle.

D) - Exemple de réglage :

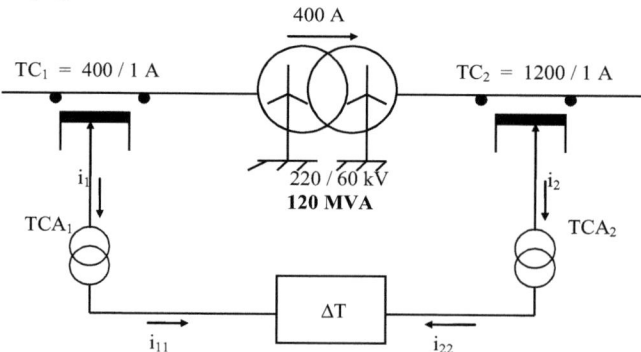

Fig. III.8 - Exemple de calcul de relais de protection différentielle.

Par suite du couplage étoile-étoile avec mise à la terre des neutres, les courants primaire et secondaire du transformateur sont en phase. Un couplage étoile-triangle aurait nécessité un couplage triangle à l'entrée des transformateurs de recalage TCA$_1$ pour rattraper le déphasage entre les courants primaires et secondaires.

Le reste des réglages consiste à définir les rapports des TCA$_1$ et TCA$_2$ qui permettent d'avoir l'égalité des courants i$_{11}$ et i$_{22}$ à l'entrée du relais quelque soit la charge transitant par le transformateur (pour notre exemple, la charge et de 400 A « vue » sous 220 kV).

- Côté 220 kV:

i$_1$ = 1 A ; en choisissant un rapport de transformation égal à 1 pour le TCA$_1$, nous aurons i$_{11}$ = 1 A

- Côte 60 kV:

Le courant de charge coté 60 kV est:

$$I_{CH60KV} = I_{CH220KV} \cdot \frac{U_1}{U_2} = 400. \frac{220000}{60000} = 1467 A$$

Le courant de charge au secondaire des TC principaux est:

$$I_2 = . \frac{I_{CH60KV}}{K_i} = \frac{1467}{1200} = 1,22 A$$

Le but recherché est d'avoir : i$_{11}$ = i$_{22}$ = 1 A.

L'équation simplifiée des forces magnétomotrices du TCA$_2$ nous permet d'écrire:

$$n_2 . i_2 = n_{22} . i_{22} \qquad \Rightarrow \frac{n_2}{n_{22}} = \frac{i_{22}}{i_2} = \frac{1}{1,22} = 0,82$$

Avec, n$_2$ et n$_{22}$ sont respectivement les nombres de spires primaires et secondaires des TCA.

Les TCA, de type SIEMENS par exemple, on aura :

- Pour TCA$_1$: n$_1$ = n$_{11}$ = 26 spires, et pour TCA$_2$: n$_2$ = 18 spires, n$_{22}$ = 22 spires.

La sensibilité de la protection est réglée à: $I_S = 30\% . I_N$, Dans les protections différentielles de technologie numérique, les TC de recalage sont intégrés à l'intérieur des protections.

III.3.5.4) - Protection contre la surtension

Le rôle des parafoudres et des éclateurs de protection est de protéger le transformateur contre les surtensions excessives dont l'origine peut être :

> ➢ Soit les manœuvres de disjoncteurs dans des circonstances particulières,
> ➢ Soit les coups de foudre en ligne,
> ➢ Soit un défaut d'isolement en ligne …. etc.

Les parafoudres doivent être choisis, ou l'écartement des éclateurs réglé, de façon telle que la tension maximale qui atteint le transformateur soit, au plus, égale à 80% de la tension d'essai correspondante.

Leur efficacité n'est garantie que s'ils sont placés à proximité immédiate du transformateur à protéger : les éclateurs sont généralement disposés sur les traversées elles-mêmes du transformateur, les parafoudres sont parfois accrochés à la cuve du transformateur.

Dans le cas contraire, en effet, des réflexions d'ondes sur les lignes avec formation de nœuds et ventres peuvent réduire très sensiblement leur efficacité. Les éclateurs de protection sont moins fidèles que les parafoudres, en ce sens que la dispersion des tensions d'amorçage en fonction des conditions atmosphériques, ou de la forme de l'onde, est bien supérieure à celle des parafoudres.

En outre, un arc amorcé entre les électrodes d'un éclateur ne s'éteint pas toujours de lui-même lorsque la tension appliquée redevient normale. Les éclateurs doivent donc être utilisés conjointement avec un dispositif de protection contre les défauts la terre extérieure à la cuve du transformateur.

III.3.6) - Protection interne

III.3.6.1) - Protection par Buchholz

Les arcs qui prennent naissance à l'intérieur de la cuve d'un transformateur décomposent certaine quantité d'huile et provoquent un dégagement gazeux. Les gaz produits montent vers la partie supérieure de la cuve de transformateur et de là vers le conservateur à travers un relais mécanique appelé relais BUCHHOLZ (Fig. III.9). Ce relais est sensible à tout mouvement de gaz ou d'huile. Si ce mouvement est faible, il ferme un contact de signalisation (alarme BUCHHOLZ).

Par ailleurs, un ordre de déclenchement est émis au moyen d'un autre contact qui se ferme en cas de mouvement important. Les gaz restent enfermés à la partie supérieure du relais, d'où ils peuvent être prélevés, et leur examen permet dans une certaine mesure de faire des hypothèses sur la nature de défauts [17]:

- Si les gaz ne sont pas inflammables on peut dire que c'est l'air qui provient soit d'une poche d'air ou de fuite d'huile.
- Si les gaz s'enflamment, il y a eu destruction des matières isolantes donc le transformateur doit être mis hors service.

 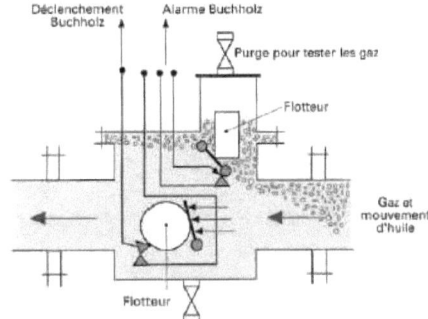

Fig. III.9 - Relais BUCHHOLZ.

Cette protection sera à deux niveaux pour le transformateur: le premier donnera un signal **d'alarme**, le second un signal de **déclenchement.**

Les arcs qui prennent naissance à l'intérieur de la cuve d'un transformateur décomposent une certaine quantité d'huile et provoque un dégagement gazeux dont le volume est supérieur à celui de l'huile décomposée,

- Les gaz produits montent vers la partie supérieure de la cuve du transformateur et de là, vers le conservateur.
- Pour déceler le dégagement gazeux, on intercale sur la canalisation reliant la cuve au conservateur un relais BUCHOLZ.

- Pour le régleur en charge il est prévu un seul niveau qui donnera un signal de déclenchement.

- Le gaz qui s'est accumulé dans la cloche du relais peut être récupéré et analysé, ce qui permet d'obtenir des indications sur la nature et l'emplacement du défaut. Il existe trois niveaux d'analyse.

- Analyse visuelle, si le gaz est :

- Incolore : c'est de l'air. On purge le relais et on remet le transformateur sous tension,
- Blanc : c'est qu'il y a échauffement de l'isolant,
- Jaune : c'est qu'il s'est produit un arc contournant une cale en bois,
- Noir : c'est qu'il y a désagrégation de l'huile.

III.3.6.2) - Protection de masse cuve

Une protection rapide, détectant les défauts internes au transformateur, est constituée par le relais de détection de défaut à la masse de cuve (Fig. III.10). Pour se faire, la cuve du transformateur, ses accessoires, ainsi que ses circuits auxiliaires doivent être isolés du sol par des joints isolants. La mise à la terre de la cuve principale du transformateur est réalisée par une seule connexion courte qui passe à l'intérieur d'un TC tore qui permet d'effectuer la mesure du courant s'écoulant à la terre [17].

Tout défaut entre la partie active et la cuve du transformateur est ainsi détecté par un relais de courant alimenté par ce TC. Ce relais envoie un ordre de déclenchement instantané aux disjoncteurs primaires et secondaires du transformateur.

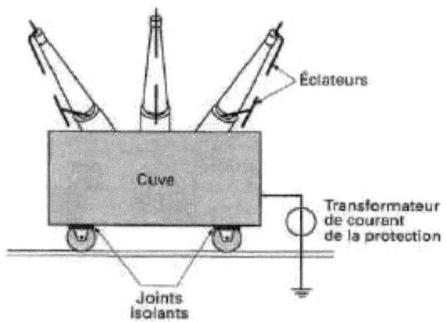

Fig. III.10 - Protection de masse cuve.

Une protection de cuve sera prévue contre les défauts à la terre qui se produisent à l'intérieur du transformateur. La cuve du transformateur doit être isolée de la terre. La protection de cuve (Fig. III.11) est constituée par un relais à maximum de courant, alimenté par un TC du genre tore dont le primaire est une jonction visible et continue entre la cuve du transformateur et le réseau de terre.

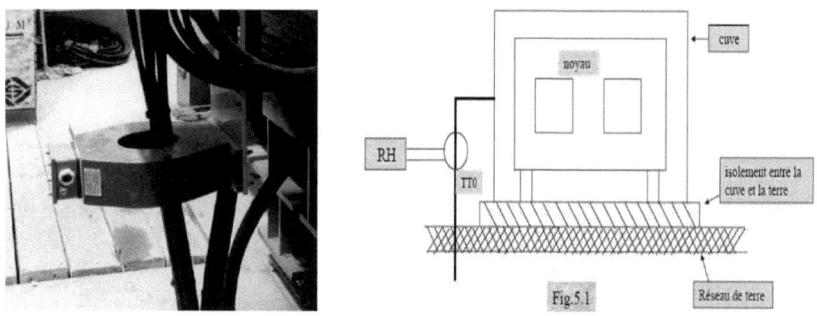

Fig. III.11 - Placement de TC tore.

72

<u>Remarque</u> : Les transformateurs dotés d'une protection différentielle ne sont pas équipés en protection masse cuve.

III.3.6.3) - La protection thermique

Elle est utilisée pour protéger les machines (moteur, alternateur et le transformateur de puissance) contre les surcharges. Pour détecter l'existence d'une surcharge, elle fait une estimation de l'échauffement des bobines primaire et secondaire à protéger à partir de la mesure du courant [16, 17].

La protection détermine l'échauffement E des transformateurs à partir d'un modèle thermique défini par l'équation différentielle suivante :

$$\tau.\frac{dE}{dt} + E = \left(\frac{I}{I_n}\right)^2$$

Avec, E : Échauffement,

τ : Constante de temps thermique du transformateur,

I_n : Courant nominal,

I : Courant efficace.

L'apport calorifique par effet de Joule $R.I^2.dt$ est égal à la somme de (Fig. III.12) :

1- L'évacuation thermique de transformateur par convection avec le milieu extérieur (T_e),
2- La quantité de chaleur emmagasinée (T_i) par le transformateur par élévation de sa température.

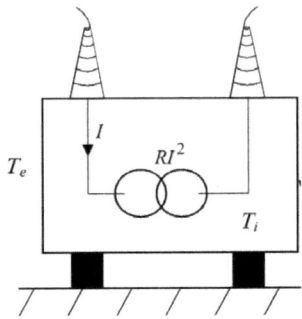

Fig. III.12 - Différentes températures au transformateur.

73

III.3.6.4) - La protection par DGPT

Le DGPT (Détecteur Gaz, Pression et Température) est un dispositif de protection utilisé pour les transformateurs isolements liquides.

Ce dispositif détecte les anomalies au sein du diélectrique liquide telles que émission de gaz, élévation de pression ou de température, et provoque la mise hors tension du transformateur.

Il est principalement destiné à la protection des transformateurs immergés étanches à remplissage total. Pour un défaut grave, le dégagement gazeux est recueilli en un point haut au relais, une accumulation trop importante provoque une alarme [17].

III.4) - Protection des transformateurs MT / BT

Ce type des transformateur est protégé par des fusibles MT, et le choix de calibre des ces fusible suite au tableau III.1 suivant [18]:

Tension de service (kV)	Tension assignée (kV)	Puissance des transformateurs MT/BT (kVA)										
		25	50	100	125	160	250	315	400	500	630	800
5,5	7,2	6,3	16	16	31,5	31,5	63	63	63	80	100	125
10	12	6,3	6,3	16	16	16	31,5	31,5	43	43	63	80
30	36	-	-	6,3	6,3	6,3	16	16	16	16	31,5	31,5

Tab.III.1 - Choix de calibre de fusible MT pour protection transformateur MT/BT.

III.5) - Protection des départs MT [18, 19]

III.5.1) - Protection à maximum de courant phase

Ce seuil protège la ligne contre les **surcharges inadmissibles** (Première seuil : $I_{ph} >$) et **les court-circuits entre phases** (Deuxième seuil: $I_{ph} >>$). Son réglage tient compte du courant de surcharge maximal (défini par le courant admissible des conducteurs ou par le courant de surcharge maximal des transformateurs de courant de la ligne) et du courant de défaut minimal en bout de la ligne (défaut biphasé). Le temps d'action de cette protection ne dépasse en aucun cas 1 seconde.

$$I_{srcharge} < I_{CC.min} \qquad Temps(MT) \leq 1 \sec$$

A) - La protection à temps indépendant : la temporisation est constante, elle est indépendante de la valeur du courant mesuré, le seuil de réglage sont généralement réglables par l'utilisateur [21] (Fig.III.13).

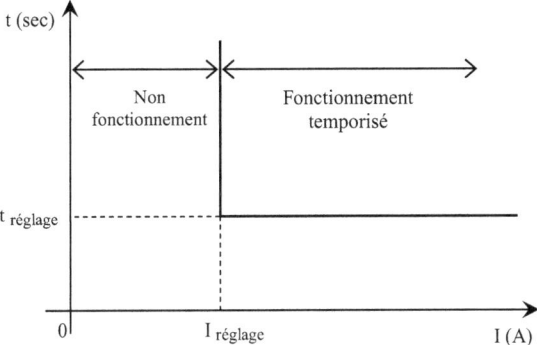

Fig. III.13 - Protection à maximum de courant à temps Indépendant.

B) - La protection à temps dépendant : la temporisation dépend du rapport entre le courant mesuré et le seuil de fonctionnement. Plus le courant est élevé et plus la temporisation est faible (Fig. III.14). Elle définit plusieurs types : à temps inverse, très inverse, et extrêmement inverse [21]. Pour une temporisation réglée à 1 seconde le courant de déclenchement est $10 \times I_s$.

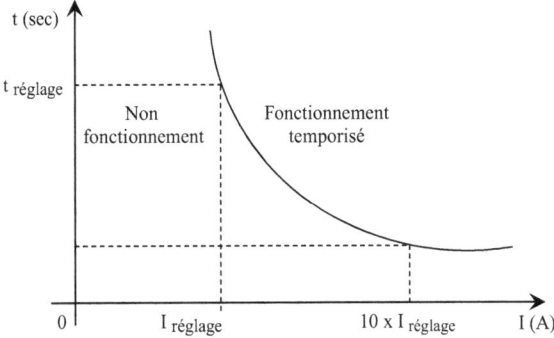

Fig. III.14 - Protection à maximum de courant à temps dépendant.

III.5.2) - Protection de maximum de courant homopolaire

Cette protection pour protège le départ contre les **défauts à la terre**. Le courant résiduel qui caractérise le courant de défaut à la terre est égal à la somme vectorielle des 3 courants de phase. Le courant résiduel est égal à 3 fois le courant homopolaire I_O.

$$I_{rsd} = 3.I_0 = I_1 + I_2 + I_3$$

Il y a deux méthodes pour caractériser le courant résiduel:

- Par la mesure directe sur le TC tore,
- Par le calcul à partir de trois TC phase.

   Le réglage est choisi de façon à rester insensible au courant capacitif circulant dans le neutre lors des défauts proches sur les autres départs du poste. Il doit pouvoir détecter le courant de court-circuit minimal. Sa temporisation est commune au seuil violent du courant de phase. Elle est généralement très basse.

$$I_{C0} < I_{réglage} < I_{CC.min} \qquad Temps(MT) \leq 1\,sec$$

Avec: I_{C0} c'est le courant capacitif du départ.

   La composante homopolaire de la tension et du courant d'un système triphasé (a, b et c) se calcule grâce à la matrice de **Fortescue** :

$$\begin{cases} V_0 = \dfrac{1}{3}.(V_a + V_b + V_c) \\ I_0 = \dfrac{1}{3}.(I_a + I_b + I_c) \end{cases}$$

Ainsi d'un système équilibré: $V_0 = 0$ et $I_0 = 0$.

   Le courant de neutre $I_n = (I_a + I_b + I_c)$ dans un branchement étoile d'une charge est donc lié au courant homopolaire par la relation: $I_n = 3.I_0$. Le courant capacitif dans les lignes (Fig. III.15) et les câbles (Fig. III.16) moyenne tension est calculer suit ces formules [22] :

1) - Pour les lignes aériennes

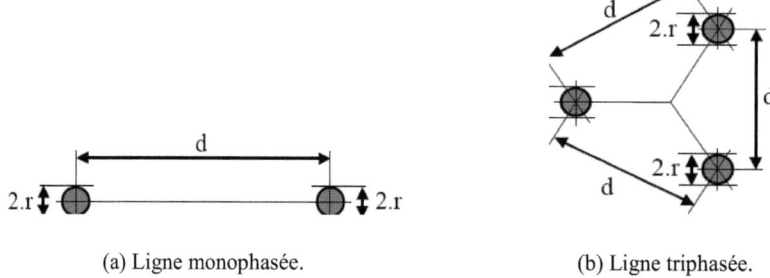

(a) Ligne monophasée.   (b) Ligne triphasée.

Fig. III.15 - La capacité de la ligne électrique moyenne tension.

- Pour la ligne monophasée : $C = \dfrac{\pi.\varepsilon_o}{\ln\left(\dfrac{d}{r}\right)}$

- Pour la ligne triphasée : $C = \dfrac{2.\pi.\varepsilon_o}{\ln\left(\dfrac{d}{r}\right)}$

2) - Pour les câbles souterrains

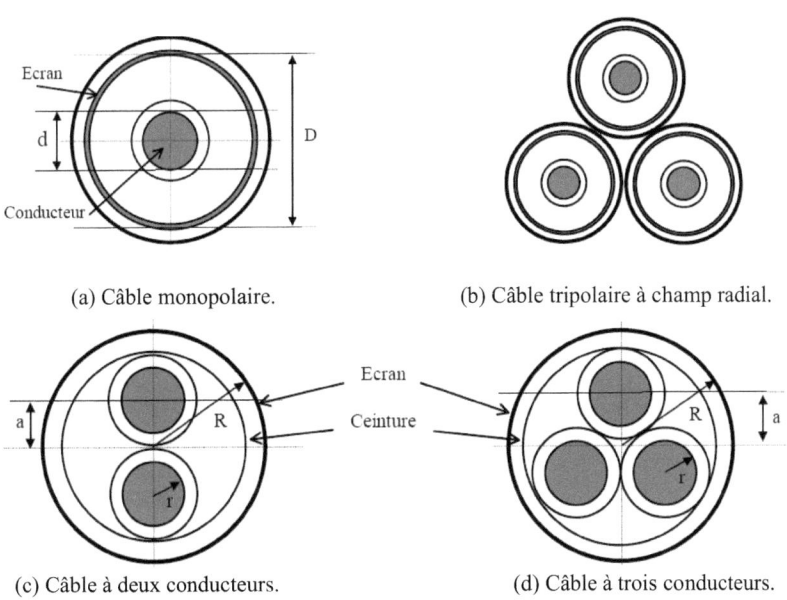

(a) Câble monopolaire.   (b) Câble tripolaire à champ radial.

(c) Câble à deux conducteurs.   (d) Câble à trois conducteurs.

Fig. III.16 - La capacité des câbles électriques moyenne tension.

- Pour les câbles mono polaire et tripolaire à champ radial : $C = \dfrac{\varepsilon_o.\varepsilon_r}{18.\ln\left(\dfrac{D}{d}\right)}$ en µF/km,

- Pour le câble à deux conducteurs : $C = \dfrac{\varepsilon_o.\varepsilon_r}{36.\ln\left(\dfrac{2.a}{r}.\dfrac{\left(R^2 - a^2\right)}{\left(R^2 + a^2\right)}\right)}$ en µF/km,

- Pour le câble à trois conducteurs : $C = \dfrac{\varepsilon_o.\varepsilon_r}{9.\ln\left(\dfrac{3.a^2}{r^2}.\dfrac{\left(R^2-a^2\right)^3}{\left(R^6+a^6\right)}\right)}$ en μF/km.

III.5.3) - Protection de terre résistant

Cette protection est destinée à protéger les lignes moyenne contre les courts circuits à la terre avec résistance très résistant d'ordre 5 à 10 kΩ, c'est une protection **centralisée** et **non sélective** [23].

$$I_{réglage} = 5A \qquad\qquad\qquad Temps = 5\,sec$$

III.5.4) - Automate de réenclencheur

Les pluparts des défauts dans les réseaux de distribution MT aérien sont du type défaut fugitif, afin de limiter la durée de la coupure d'électrique des clients au minimum, les différents automates de reprise de service (réenclencher) sont installés sur les départs.

Sur les départs aériens du réseau de distribution MT issue d'un poste source, on peut trouver un disjoncteur commandé par un dispositif de réenclechement triphasé avec les cycles rapide et lent (Fig. III.17).

L'instruction d'action de réenclencher est automatiquement effectuée selon les étapes consécutives ci-dessous :

Cycle rapide : c'est le cycle de déclenchement réenclenchement triphasé rapide. Après 150 ms du moment de l'apparition du défaut, le disjoncteur est ouvert pour coupure de l'alimentation du réseau en défaut. La durée de mise hors tension est d'environ 300 ms pour permettre la désionisation de l'arc électrique. Si le défaut est éliminé après un cycle rapide, il est de type défauts fugitifs.

Cycles lents : si le défaut réapparaît après la fermeture du disjoncteur à la fin du cycle rapide, on effectue automatiquement un cycle de déclenchement-réenclenchement triphasé lent. Un deuxième déclenchement a lieu 500 ms après la réapparition du défaut. La durée de coupure est de 15 à 30 secondes. Ce cycle peut être suivi d'un deuxième cycle analogue; c'est le cas général lorsqu'il est fait usage d'interrupteurs aériens à ouverture dans le creux de tension (IACT). Si le défaut est éliminé après les cycles lents, il est de type défauts semi permanents.

Déclenchement définitif : si le défaut persiste encore après des cycles de réenclenchement (cycle rapide, 1 ou 2 cycles lents), c'est un défaut permanent. Le disjoncteur est déclenché après 500 ms jusqu'à la fin de l'intervention nécessaire.

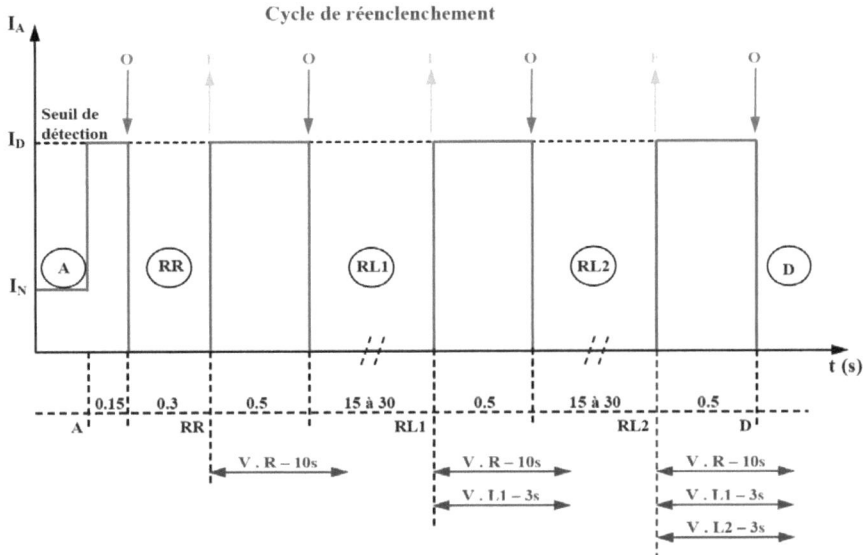

Avec,

    A : Apparition d'un courant de défaut sur le départ,

    D : Déclenchement définitif,

    F : Fermeture du disjoncteur,

    O : Ouverture du disjoncteur,

    RL : Réenclenchement lent (lent 1 et lent 2),

    RR : Réenclenchement lent,

    VR : Verrouillage réenclenchement rapide pendant 10 à 15 secondes,

    V. L1 : Verrouillage réenclenchement lent 1 pendant 3 secondes,

    V. L2 : Verrouillage réenclenchement lent 2 pendant 3 secondes.

Fig. III.17 - Diagramme des cycles de réenclencheur.

III.6) - Conclusion

    Dans ce chapitre, on a fait l'état de l'art de la protection qui existe au niveau du réseau de distribution électrique moyenne tension (utilisé aussi par la société algérienne SONELGAZ) tout en donnant un aperçu sur la technologie de développement de cette dernière ainsi qu'une étude des réglages de ces protections illustrée par des tableaux pratiques.

Chapitre IV
Recherche et Identification des Défauts de Câble

IV.1) - Introduction

Avant d'aborder les différentes méthodes utilisées dans la recherche des défauts qui apparaissent sur les câbles MT de distribution d'énergie électrique, nous allons définir les principaux concepts et les différents types de ce câble. Le matériel électrique a évolué de manière extrêmement importante au cours des 5 à 10 dernières années et des méthodes de recherche des défauts ont considérablement été améliorées.

IV.2) - Câbles de distribution

IV.2.1) - Introduction

Les câbles souterrains sont principalement employés, au moins jusqu'à présent, pour le transport et la distribution de l'énergie électrique dans les zones fortement urbanisées aux abords ou à l'intérieur des grandes villes, parfois pour résoudre des problèmes locaux particuliers, techniques ou d'environnement, pour lesquels la mise en œuvre de lignes aériennes est difficile ou impossible [24]. Toutefois, les câbles souterrains sont de plus en plus utilisés en moyenne tension, même en zone rurale ou semi rurale. De plus, des progrès récents en HT faciliteront la mise en souterrain dans un avenir proche.

IV.2.2) - Constitution

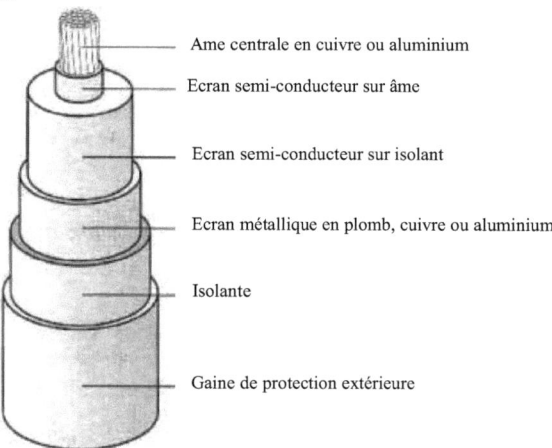

Ame centrale en cuivre ou aluminium

Ecran semi-conducteur sur âme

Ecran semi-conducteur sur isolant

Ecran métallique en plomb, cuivre ou aluminium

Isolante

Gaine de protection extérieure

Fig. IV.1 - Constitution d'un câble MT tripolaire [24].

IV.2.3) - Classification

On peut les classer selon différents critères.

IV.2.3.1) - Par niveau de tension

Hormis les cas particuliers des câbles à huile ou à gaz en HT, on note que tous les câbles à isolement papier ou synthétique, quels que soient leurs niveaux de tension, bénéficieront des mêmes méthodes de prélocalisation et de localisation de défauts [24].

IV.2.3.2) - Par type de réseau

Arborescents en basse tension, à coupure d'artère avec ou sans dérivation ou en double dérivation en MT ou encore strictement sans dérivation en HT, la structure des réseaux va seulement conditionner le choix de certaines méthodes de prélocalisation en raison du rapport efficacité/sécurité.

IV.2.3.3) - Par structure de câble

Avant d'en arriver aux câbles unipolaires à isolation synthétique posés aujourd'hui, nous avons connu diverses évolutions en passant par les câbles tripolaires métallisés, les câbles « tri plomb », ceux à ceinture, etc. La structure des câbles influence directement le nombre des mesures à réaliser pour caractériser le type du défaut [25].

IV.2.4) - Matériaux d'isolation principale [25]

IV.2.4.1) - Papier imprégné (PI)

Pendant des décennies, le papier imprégné d'huile a été l'isolant le plus employé. En Algérie, il n'est plus utilisé pour les liaisons sous tensions alternatives terrestres quelle que soit la tension de service, mais de nombreux réseaux de câbles réalisés avec ce type d'isolant sont encore en service. De tels câbles sont encore fabriqués dans certains pays.

IV.2.4.2) - Polychlorure de vinyle (PVC)

Le PVC $[-CH_2-CHCl-]n$ est, en général, mélangé avec des plastifiants et des charges appropriés, de façon à donner une matière thermoplastique isolante, difficilement inflammable, insensible à l'ozone, résistant aux huiles, aux solvants, aux acides et absorbant peu l'humidité.

Ce matériau est sensible à la diffusion éventuelle d'additifs provenant des constituants adjacents (gaines, bourrages). Il sert comme isolant pour la filerie et les câbles d'installation intérieure.

IV.2.4.3) - Polyéthylène (PE)

Polymère d'éthylène [-CH2-CH2-]n fabriqué par divers procédés de haute et basse pressions, avec des masses moléculaires très diverses, il s'oxyde très rapidement, est inflammable et peu hygroscopique.

Les excellentes propriétés électriques du PE [rigidité diélectrique élevée, pertes diélectriques et permittivité faibles

IV.2.4.4) - Polyéthylène réticulé (PR)

Le polyéthylène réticulé possède sensiblement les mêmes qualités électriques que le polyéthylène, mais de meilleures qualités thermiques.

La réticulation peut être obtenue par différents procédés. La mise en œuvre de charges minérales dans le PR améliore le comportement mécanique à la température de fusion, mais diminue les propriétés diélectriques.

IV.2.4.5) - Caoutchouc éthylène propylène (EPR)

Il s'agit d'EPR (ethylene-propylene rubber), de EPM (ethylene-propylene material) et de EPDM (ethylene-propylene diene monomere). Par ailleurs, on doit souligner son excellente résistance aux décharges partielles et superficielles ainsi qu'aux radiations ionisantes. Le tableau ci-dessous représente la vitesse de propagation de l'OEM sur différents types de câbles MT [27].

Types de câbles	Section (mm²)	Epaisseur d'isolant (mm)	Capacité linéique (pF/m)	Permittivité relative	Vitesse théorique (m/μs)	Vitesse mesurée (m/μs)
Polyéthylène Aluminium	75	6,5	179,5	2,3	197,8	171
Polyéthylène câble coaxial	75	1,4	64,7	2,1	207	200
Polychlorure de vinyle	150	6,5	482	4,0	150	154
Ethylène propylène rubber	50	5,5	232	3,1	173,2	165
Polyéthylène réticulé chimiquement cuivre	50	5,5	193	2,6	186	170
Papier imprégné rubané	50	4,7	451	3,65	157	156

Tableau. IV.1 - La vitesse de propagation de l'OEM sur différents types de câbles MT.

IV.3) - Méthodes utilisées dans l'analyse des défauts

L'analyse des défauts qui apparaissent dans les lignes de transport d'énergie électrique comporte trois étapes essentielles représentées par la figure IV.2.

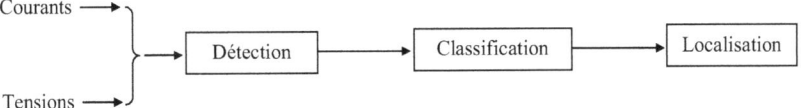

Fig. IV.2 - Schéma bloc des méthodes utilisées dans l'analyse des défauts.

IV.3.1) - Méthodes utilisées dans la détection

Parmi les méthodes proposées dans la littérature et utilisées dans la détection des défauts, nous citerons les suivantes :

- La méthode présentée dans la référence [28] est basée sur la comparaison entre deux échantillons successifs d'un même signal (courant ou tension). Lorsque la différence entre eux atteint un seuil prédéterminé, on conclut directement qu'il y a un défaut sur la phase qui correspond au signal traité.

- Lorsque le courant de défaut d'une phase est différent de zéro, on conclut directement que cette ligne est le siège d'un défaut qui peut être détecté en utilisant l'indicateur *Tn* calculé à partir des échantillons du courant issus des deux extrémités de la ligne [29]. Les valeurs de *Tn* sont comparées à la valeur prédéterminée *T* pour le système à l'état sain. Si la valeur de *Tn* est supérieure à *T*, donc la ligne est en défaut.

IV.3.2) - Méthodes de localisation des défauts

La première utilisation d'un microprocesseur dans la protection électrique (utilisation des relais numériques) était en 1969 par G.D. Rockefeller.

A nos jours, plusieurs algorithmes proposés dans ce nouveau domaine servent à localiser les défauts apparents dans les réseaux électriques. On peut distinguer ces algorithmes suivant trois catégories:

La première catégorie

Ces algorithmes sont les plus répandus et sont basés sur l'utilisation ***des phaseurs*** en régime permanent, calculés à partir des données issues d'une ou des deux extrémités de la ligne.

La deuxième catégorie

Ces algorithmes ont comme principe l'utilisation des *équations différentielles* dans le modèle du réseau de transport.

La troisième catégorie

Ces algorithmes utilisent le principe de *propagation des ondes* offrant des avantages considérables, surtout pour les longues lignes [30].

IV.3.2.1) - Méthode numériques d'estimation des phaseurs

Cette méthode très utilisée, est basée sur l'estimation des phaseurs d'état en régime permanent, moyennant les données d'une ou de deux extrémités [31].

Les phaseurs sont estimés à partir des valeurs échantillonnées des tensions et des courants, issues des extrémités de la ligne. Il y a plusieurs méthodes pour calculer les paramètres des phaseurs, les plus importantes sont :

➤ *Analyse de Fourier :*

C'est une méthode très rapide qui est basée sur le traitement de signal. Pour un signal donné $y(t)$ l'estimation de la partie réelle et imaginaire de son phaseur Y pendant une période donnée.

➤ *Méthode de Prony :*

Cette méthode estime le signal de défaut par une somme de fonctions élémentaires caractérisées chacune par quatre paramètres dits 'paramètres de Prony'. La méthode utilisée pour la détermination des paramètres est détaillée dans la référence [32]. Cette méthode est très employée dans le domaine des protections numériques, puisque elle assure l'estimation des phaseurs avec une grande précision.

➤ *Méthode de moindres carrés :*

C'est une méthode qui est très utilisée dans le domaine de la protection électrique pour sa précision de calcul.

➤ *Méthode du filtre de Kalman :*

Le filtre de Kalman est un ensemble d'équations mathématiques qui donnent une solution récursive de la méthode des moindres carrées. Il diffère des autres algorithmes de filtrage utilisés dans l'estimation des phaseurs du fait que ses coefficients de gain sont en fonction du temps [33].

Malgré que cette technique offre plusieurs avantages dans la rapidité et la précision de calcul, elle a plusieurs inconvénients comme la difficulté d'identifier les composantes apériodiques.

A) - Algorithmes de localisation basés sur les données d'une extrémité :

Considérant le modèle de la ligne en défaut schématisé dans la figure IV.3.

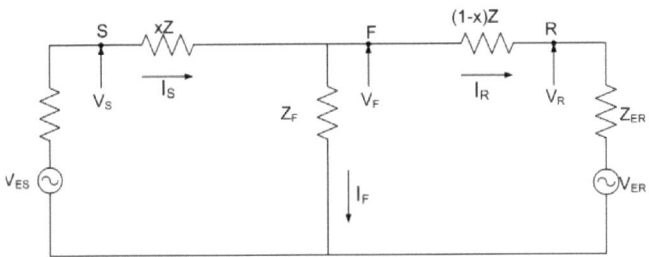

Fig. IV.3 - Schéma équivalent d'une ligne en défaut.

Avec :

S, R et F : désignent respectivement la source, le récepteur et le défaut de la ligne,

V_S, V_R et V_F : sont les tensions de la source, du récepteur et du défaut de la ligne,

I_S, I_R et I_F : sont les courants de la source, du récepteur, et du défaut de la ligne,

x : est la distance de défaut,

Z : est l'impédance de la ligne,

Z_{ES}, Z_{ER} : sont les impédances équivalentes de Thévenin,

V_{ES}, V_{ER} : sont les tensions équivalentes de Thévenin.

Parmi les algorithmes basés sur une seule extrémité, la technique développée dans la référence [31] par Takagi et al. Supposent que les impédances et les résistances mutuelles entre les phases sont négligeables, et l'impédance de défaut est une résistance égale à RF. La distance de défaut x est donnée par l'équation suivante :

$$x = \frac{\operatorname{Im}(V_s . I_s^{**})}{\operatorname{Im}(V_s . I_s^{**})} \tag{VI.1}$$

I_s^{**} est le conjugué de courant de défaut superposé donné dans [21]. D'autres algorithmes de localisation de défauts sont basés sur les données d'une extrémité utilisant comme principe les composantes symétriques comme l'algorithme présenté dans la référence [21].

L'avantage principal de l'application des composantes symétriques est dans le découplage de notre système qui permet d'obtenir trois équations découplées et de déduire la valeur de x.

Il y a un autre algorithme basé aussi sur les composantes symétriques et qui définit la distance x par la relation suivante :

$$x = \frac{s_1.V_{s1} + s_2.V_{s2} + s_0.V_{s0}}{s_1.(V_{rs1}.V_{rs1}^{'}) + s_2.V_{s2} + s_0.V_{s0}} - e_r \tag{VI.2}$$

Tel que er est le terme d'erreur due à la résistance du défaut donné dans la référence [34].

$$\begin{cases} V_{rs1} = I_1.Z_1 \\ V_{rs2} = I_2.Z_{1s} \\ V_{rs0} = I_0.Z_{0s} + I_{02}.Z_{0m} \end{cases} \Rightarrow V_{rs1}^{'} = I_{1s}^{'}.Z_{1s} \tag{VI.3}$$

$$\begin{cases} I_1 = I_{1s} - I_1^{'} \\ I_1 = I_{2s} \\ I_0 = I_{0s} \end{cases} \tag{VI.4}$$

Sachant que :

V_{S1}, V_{S2}, V_{S0} : sont les tensions de phase des séquences au relais,

I_{S1}, I_{S2}, I_{S0} : sont les courants de phase des séquences au relais,

I'_1 : est le courant pré défaut,

Z_{S1}, Z_{S2}, Z_{S0} : sont les impédances de la ligne,

s_0, s_1, s_2 : sont des coefficients qui prennent les valeurs : 0, 1, -1, a, -a, a et a^2.

Avec :

$a = -0,5 + j\ 0,866$: opérateur de rotation 120°.

N.B : Les modes 0, 1 et 2 correspondent respectivement aux séquences homopolaire, directe et inverse.

B) - Algorithmes de localisation basés sur les données de deux extrémités :

Ces algorithmes peuvent être classés en deux catégories :

- Algorithmes basés sur les données non synchronisées issues de deux extrémités de la ligne,
- Algorithmes basés sur les données synchronisées issues de deux extrémités de la ligne.

Nous supposons que la ligne en défaut a le même schéma équivalent de la figure I.4 précédente. Dans la première catégorie, la tension de défaut a deux valeurs : VF et $V'F$ qui ont la même amplitude avec un déphasage δ tel que :

$$V_F = V'_F . e^{j\sigma} \tag{VI.6}$$

Plusieurs algorithmes sont proposés, parmi lesquels nous citons :

• L'algorithme présenté dans la référence [31] utilisant les données non synchronisées des deux extrémités de la ligne et leur schéma équivalent inverse. L'application de la loi de Kirchhoff sur les tensions inverses permet de calculer la valeur de x.

• L'algorithme présenté dans la référence [30] aussi les données non synchronisées des deux extrémités de la ligne. La valeur de x est donnée par la relation suivante:

$$x = \frac{\mathrm{Re}(V_S).\sin\delta + \mathrm{Im}(V_S).\cos\delta - \mathrm{Im}(V_R) + C_4}{C_1.\sin\delta + C_2.\sin\delta + C_4} \tag{VI.7}$$

- Les valeurs des coefficients C_1, C_2 et C_4 sont données dans la référence [30].

Pour la deuxième catégorie, plusieurs algorithmes proposés sont basés sur l'utilisation des échantillons synchronisés par 'GPS' (Global Positionning system of Satellite), et sur les paramètres distribués de la ligne où est négligé l'effet de la capacité shunt et de la conductance. La ligne est considérée homogène pour simplifier le modèle utilisé.

- Soit le schéma suivant qui représente un défaut sur une ligne triphasée :

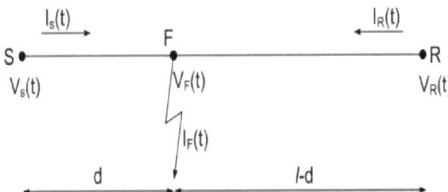

Fig. IV.4 - Schéma équivalent d'une ligne triphasée en défaut.

IV.3.2.2) - Méthode de propagation des ondes (échométrie) [34]:

Cette méthode ne nécessite pas la résolution des équations aux dérivées partielles. Dans cette approche, la résistance r et la conductance g sont négligées puisqu'on considère la propagation d'ondes le long d'une ligne sans pertes. Une telle simplification est appropriée pour les longues lignes à moyenne et haute tension.

En utilisant les ondes incidentes SF et les ondes réfléchies SB des ondes électromagnétiques, les expressions de la tension et de courant sont donnes par :

$$V(x,t) = \frac{1}{2}.\left[S_F(t-Xx) + S_B(t+Xx)\right] \qquad (VI.8)$$

$$i(x,t) = \frac{1}{2.Z_0}.\left[S_F(t-Xx) - S_B(t+Xx)\right] \qquad (VI.9)$$

Où : $Z_0 = \sqrt{L/C}$: est l'impédance caractéristique de la ligne, $x = \eta^{-1}$ et $\eta^2 = L.C$

D'après les conditions aux limites à l'extrémité source de la ligne $V(0, t) = VS(t)$ et $i(0, t) = iS(t)$, on trouve :

$$\begin{cases} S_F = V(t) + Z_0.i(t) \\ S_B = V(t) - Z_0.i(t) \end{cases} \qquad (VI.10)$$

Pour la localisation du défaut, seules les composantes transitoires des ondes sont utilisées. Les ondes mobiles apparaissent dans la ligne de transport après chaque changement brusque des tensions et courants. Lors de la survenance d'un défaut, la tension au point de défaut chute et produit deux ondes se propageant en arrière (vers la source) et en avant (vers le récepteur) à l'endroit du défaut avec la même vitesse η.

Ces ondes en se propageant ne changent pas leurs formes jusqu'à ce qu'elles atteignent une discontinuité dans la ligne (les discontinuités sont dans les deux extrémités source et récepteur et à l'endroit du défaut).

- La distance de défaut x et la vitesse de propagation sont liées par la relation :

$$\Delta t = 2.\eta^{-1}.x \qquad (VI.11)$$

Le calcul du temps écoulé est facile à déterminer si l'impulsion injectée et sa réflexion ont des puissances suffisamment grandes. Cependant, les ondes provoquées par un défaut peuvent avoir une faible puissance, particulièrement si le défaut se produit quand la tension instantanée à l'endroit du défaut est proche de zéro. Dans ce cas, le calcul de ce temps exige l'utilisation des méthodes de traitement de signal telle que la technique de corrélation.

Malgré que cette méthode soit indépendante de la structure du réseau et des équipements de protection, son utilisation dans le domaine de localisation des défauts est limitée à cause de :

- La présence des réflexions multiples qui peuvent donner des résultats erronés,
- La fréquence d'échantillonnage est très élevée, ce qui augmente le temps de calcul.

A) - Directe en impulsion de tension

Un échomètre est l'association d'un générateur d'impulsions électroniques, délivrant des impulsions de tension de valeur crête comprise entre quelques volts et jusqu'à 150 ou 200 V avec des temps de front de 10 à 100 *ns*, et d'un oscilloscope.

À l'heure actuelle, on ne trouve plus sur le marché que des matériels intégrés comportant le générateur d'impulsions et le système de visualisation. Ces équipements sont mono, bi ou tri courbes. Dans la plupart des cas, l'échomètre est connecté au câble entre l'âme et l'écran métallique ou le neutre relié à la terre (figure. IV.5). Mais, ils permettent tous de faire un changement de référence (une phase est mise à la terre et devient la nouvelle référence de mesure) en cas de défaut biphasé.

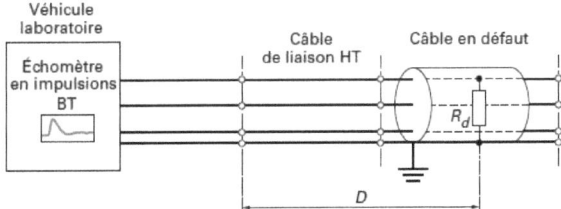

Fig. IV.5 - Montage d'un échométrie basse tension.

C'est l'impulsion elle-même qui déclenche l'enregistrement d'une image : un échogramme.

La période d'émission des impulsions est automatiquement réglée en fonction de la gamme de mesure (longueur du câble) et de la demi-vitesse de propagation réglée sur le calculateur interne de l'échomètre.

Les échogrammes simples d'un câble, obtenus ainsi, sont donnés sur la figure IV.6 :

- Dans le cas d'un court-circuit,
- Dans le cas d'une extrémité ouverte ou d'une coupure,
- Dans le cas d'une extrémité fermée sur l'impédance caractéristique du câble.

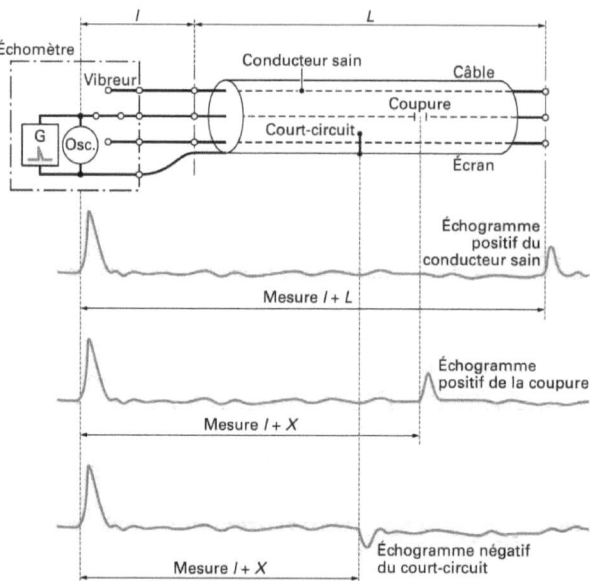

I   longueur des câbles de liaison du véhicule laboratoire
X   distance de la tête de câble au défaut

Fig. IV.6 - Échogrammes simples d'un câble.

Sur la figure. IV.7 est montré l'échogramme d'une liaison qui compte une ou des jonctions et une ou des dérivations. La précision des méthodes échométriques dépend :

- De la précision de l'appareil de mesure lui-même,
- De la nature du défaut,
- Du soin apporté par l'opérateur dans la mise en œuvre de la méthode et dans l'analyse du résultat.

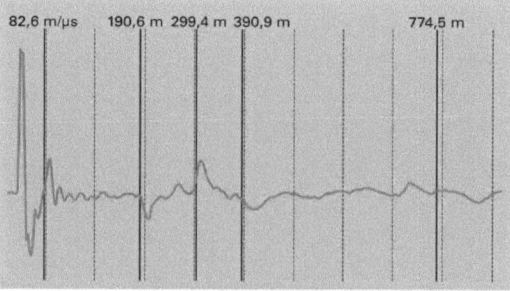

Fig. IV.7 - Copie d'écran.

La recherche de la nature du défaut relève d'une bonne maîtrise des techniques de recherche de défauts et d'une analyse rigoureuse des résultats de l'identification du défaut. Le soin apporté à la mise en oeuvre de la méthode et de l'analyse est également du domaine de l'expérience de l'opérateur et de son professionnalisme. Une impulsion BT type est donnée sur la figure IV.8.

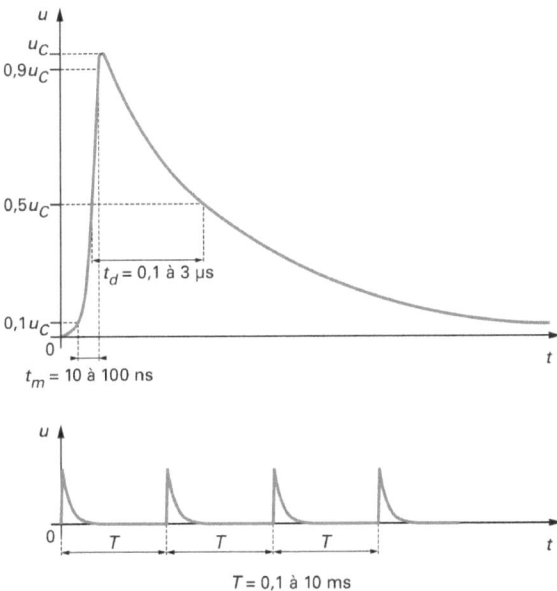

Fig. IV.8 - Impulsion base tension.

B) - Directe en impulsion de courant

Le terme « impulsion de courant » fait référence au mode de détection des impulsions. En fait, on travaille effectivement avec des impulsions HT qui seront produites soit à partir d'un générateur de tension, soit à partir d'un générateur d'ondes de choc.

Les grands principes de ces méthodes ont été découverts par le Docteur Phil GALE au milieu des années 1970.

Elles sont fondées sur le principe suivant (figure. IV.9) : un courant _ii_ circule dans un conducteur et l'on place à proximité de celui-ci une inductance _L_ fermée sur une résistance _R_ ; on mesure, aux bornes de _R_, une quantité proportionnelle à _di/dt_.

De plus, vis-à-vis des phénomènes transitoires, L joue le rôle d'une antenne, qui capte principalement la fréquence dont le quart d'onde correspond à la longueur du câble ($\lambda/4 = D$). On peut donc avoir un échogramme sélectif.

Lorsqu'une onde de choc est appliquée entre l'âme et l'écran du câble, le courant ii circule comme indiqué sur la figure. IV.9.

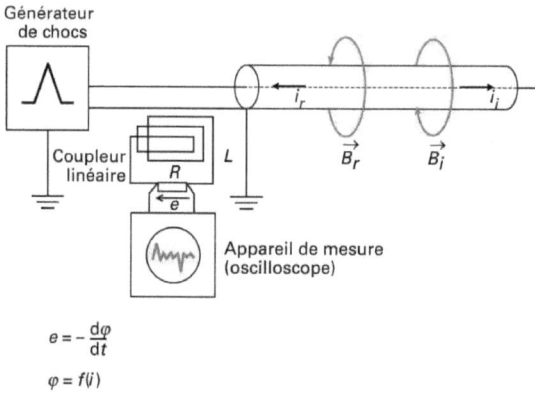

Fig. IV.9 - Montage d'un échométrie en impulsion de courant.

D'une manière générale, les *coefficients de réflexion* des ondes de courant sont de *signe opposé* aux coefficients de réflexion des ondes de tension.

Le capteur, trop sensible aux influences externes, a été amélioré (Henri HUBIN) par l'utilisation d'un coupleur linéaire torique. Par linéaire, on entend que ce coupleur doit être exempts de tout matériau magnétique : l'hystérésis et la saturation seraient, en effet, ennemies d'une mesure fiable et surtout reproductible.

On notera aussi que le coupleur torique est sensible à la polarisation de l'impulsion qui l'excite, mais aussi au sens de parcours de cette impulsion.

IV.4) - Conclusion

Dans ce chapitre, nous avons cité les méthodes de détection ainsi que les différentes étapes de localisation d'un défaut de câble de distribution moyenne tension.

L'approche des phraseurs et la méthode de l'échométrie étant les plus utilisées, on va les utiliser dans la suite de ce travail pour l'analyse des défauts.

Chapitre V
Résultats Expérimentales et Validations

V.1) - Introduction

Dans ce chapitre, en va étudier les réglages des relais protection maximum de courant phase (court-circuit phase-phase) et maximum de courant homopolaire (court-circuit phase-terre) avec des essais réels au poste source HT/MT (60/30/10 kV) MANSOURAH et au poste répartition MT/MT (10 kV) CREPS, en direction de la distribution de CONSTANTINE.

V.2) - Essais de relais de la protection courant homopolaire sur un départ 30 kV

Le but de cet essai est de voir le comportement d'un réglage de courant homopolaire lors d'un défaut à la terre permanent, sur un départ aérien 30 kV, relié sur un jeu de barre MT à l'étage 30 kV, issus du poste source (60/30/10 kV) MANSOURAH.

Pour cela nous avons créé un défaut à la terre sur la phase 1 du départ 30 kV MILA, sans résistance, à 108 Km du jeu de barre MT. Ce départ est protégé par un relais de protection numérique de courant homopolaire REF 543 de marque ABB [35].

Pour ce test du relais homopolaire, nous avons préféré le diagramme d'affichage sous forme d'image de pointeur, afin de bien visualiser le déphasage entre les composantes et ce, pour détecter la nature et le type de court-circuit. Nous avons créé un court circuit permanent entre la phase 1 et la terre sans résistance de défaut (Fig.V.1).

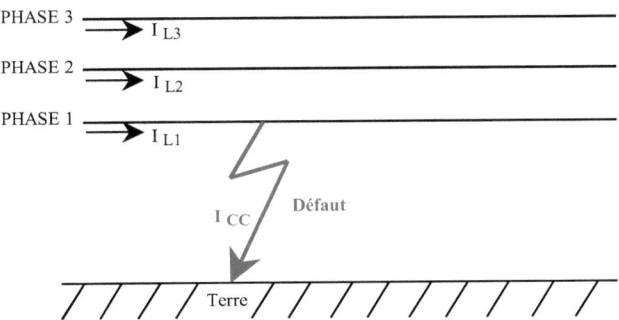

Fig.V.1 - Court circuit phase à la terre sans résistance.

V.2.1) - Caractéristiques et architecture de départ 30 kv

Départ 30 kV Mila issus au poste 60/30/10 kV Mansourah, il est caractérisé par [35]:

- Tension composée nominale : U = 30 kV,
- Section : S = 93,3 mm^2,
- Matériaux : Almelec,
- Résistance linéique : R = 0,357 Ω/km,
- Réactance linéique : X = 0,35 Ω/km,
- Nombre Postes MT/BT: Distribution publique = 29 & Abonnés = 18,
- Courant maximal à l'état sain : I = 70 A,
- Courant maximal à l'état secours : I_{sec} = 102 A,
- Longueur souterraine à l'état sain : L_s = 6,761 km,
- Longueur aérienne à l'état sain : L_a = 45,116 km,
- Longueur souterraine à l'état secours : L_{s_sec} = 7,10 km,
- Longueur aérienne à l'état secours : L_{a_sec} = 72,711 km,
- Puissance installée: 5740 kVA,
- Puissance demandée: 1650 kVA.

V.2.2) - Réglages de protection proposé

Le seuil de réglage du courant homopolaire est calculé: I $_{réglage}$ = **87,5 A,** la sélectivité chronométrique de la protection de courant homopolaire est assurée par une temporisation fixe réglée (temps indépendant) à **0,8** seconde, parce que l'arrivée du transformateur est réglé 1,2 seconde (Fig.V.3).

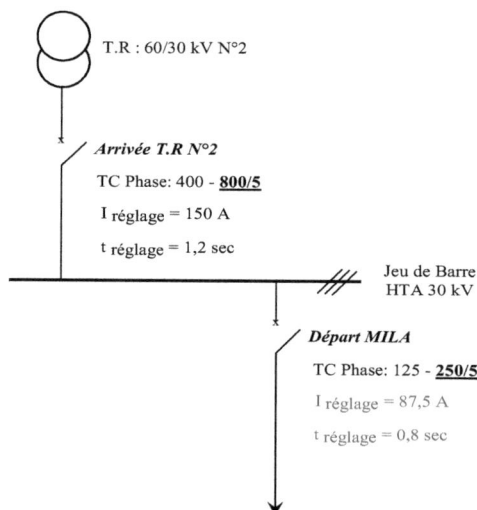

Fig.V.3 - Schéma unifilaire des réglages protections proposé au départ Mila.

V.2.3) - Résultats pratiques

V.2.3.1) - Schéma global de test

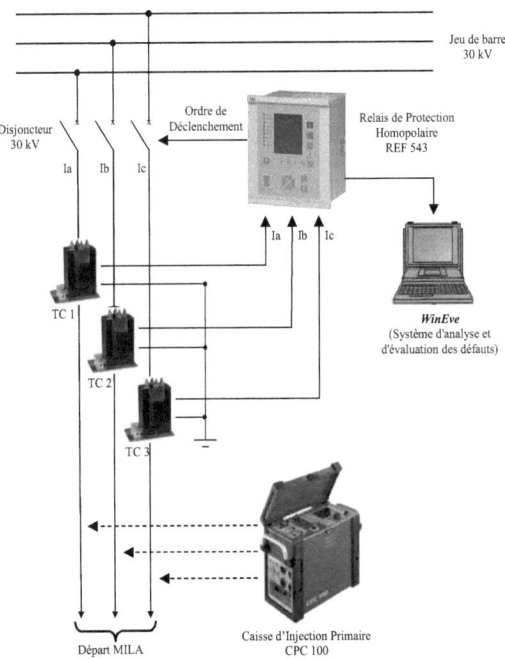

Fig.V.4 - Schéma global de test protection phase.

V.2.3.2) - Equipements des essais

A) - Caisse d'injection primaire OMICRON

     Les utilisateurs de la caisse d'injection et essais de marque OMICRON (Fig.V.5), type : CP 100 (Fig.V.5), c'est-à-dire, de ce type de caisse pour test, par alimentation du primaire, sont en général des ingénieurs et techniciens s'occupant principalement des tests de mise en service et de maintenance des :

- Transformateurs de courant et de tension,
- Transformateurs de puissance,
- Câbles d'alimentation,
- Disjoncteurs MT,
- Machines tournantes,
- Pour les compagnies d'électricité et l'industrie.

Cette caisse d'injection pour test est également utilisé pour la mesure automatique des résistances (résistances de contact, résistances d'enroulements, résistances de mise à la terre, impédances de câbles), mais aussi pour le test monophasé des relais de protection primaire et secondaire (I>, V> ou relais de fréquence) [36].

Ce système unique au monde permet le test automatique des transformateurs de puissances, des TC, des TT, le test de résistances, etc.

Capable de fournir 800 A (2000 A avec amplificateur de courant) et 2000 V, c'est un système complet avec PC intégré. Ses applications logicielles permettent de tester une grande variété de matériels de postes électriques, et de créer automatiquement des rapports personnalisés. Grâce à son faible poids (29 kg) et ses logiciels innovants, le temps de test et les frais de transport sont réduits [36].

Les courants et tensions analogiques peuvent être mesurés avec une très grande précision. Ses fonctions «ohmmètre» permettent une grande variété d'applications grâce à la commutation automatique de gamme, des μΩ aux kΩ.

Les possibilités de l'appareil vont jusqu'au test des équipements non conventionnels tels que les bobines de Rogowski et les capteurs de courant.

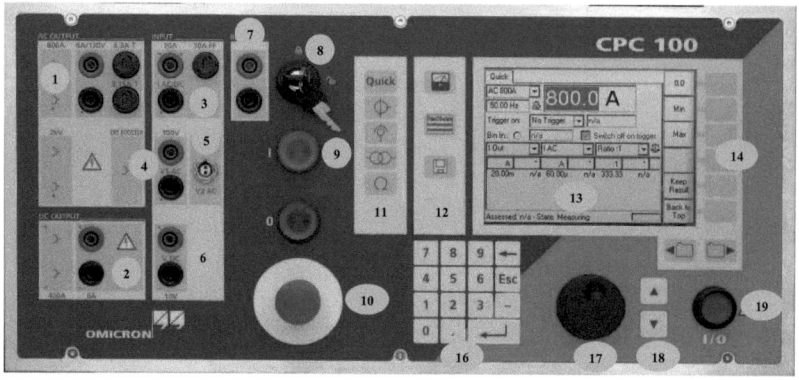

Fig.V.5 - Vue avant de la caisse d'injection Omicron [36].

1) Sortie 6 A ou 130 V AC	11) Touches de sélection rapide de l'affichage voulu
2) Sortie en courant 6 A DC	12) Touches pour la sélection rapide de la vue voulue
3) Entrée de mesure de courant I AC (I AC).	13) Ecran à cristaux liquides (LCD)
4) Entrée de mesure de tension 300 V AC	14) Touches multifonctions dépendant du champ sélectionné
5) Entrée de mesure basse tension 3V AC	15) Touches de navigation au travers des onglets disponibles à l'écran
6) Entrée de mesure de tension 10 V DC / mesure bifilaire de résistance	16) Clavier numérique
7) Entrée binaire pour contacts à potentiel flottant ou tensions de 300 V DC maximum	17) Molette évoluée avec fonction « clic » (Entrée)
8) Sécurisation des touches	18) Touches de navigation haut / bas pour la saisie des valeurs
9) Voyants lumineux	19) Bouton de démarrage / arrêt du test
10) Bouton d'arrêt d'urgence	

A.1) - Test rapport TC phase

Test du rapport du TC sur la figure V.11, de la polarité et de la charge avec injection directe de courant au primaire du TC et mesure au secondaire, une fois saisis le courant primaire, le courant secondaire et le courant de test, et après avoir appuyé sur le bouton de démarrage, le module de test détermine [36]:

- L'amplitude et l'angle de phase du courant secondaire (erreur angulaire du TC),
- Le rapport avec le pourcentage d'erreur,
- La polarité des bornes du TC,
- La charge connectée en VA et le facteur de puissance (cos φ),
- Durée du test : ~ 8 sec, y compris la création automatique de rapport,
- Sortie : jusqu'à 800 A (2000 A) AC,
- Entrée : jusqu'à 10 A AC / 3 V ou 300 V avec sonde.

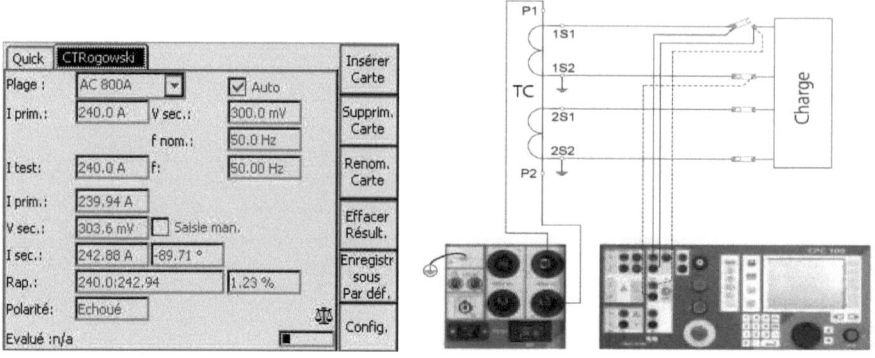

Fig.V.6 - Schéma de test d'un TC phase.

A.2) - Test Rapport TC tore, rapport TC faible puissance

Mesure du rapport de TC tore (figure. V.12) suivant le principe de la bobine Rogowski (tension induite proportionnelle à la dérivée dans le temps du courant traversant le conducteur), Une fois saisis le courant primaire, la tension secondaire et le courant de test et, après avoir appuyé sur le bouton de démarrage, le module de test effectue les opérations suivantes [36]:

- Mesure d'amplitude du courant injecté,
- Mesure de l'angle de phase et de la tension de sortie de la bobine de Rogowski,
- Calcul du rapport réel,
- Calcul de l'écart par rapport au rapport nominal,
- Durée du test : ~ 5 s, y compris la création automatique de rapport,
- Sortie : jusqu'à 800 A (2000 A avec amplificateur de courant CP CB2),
- Entrée : jusqu'à 3 V AC.

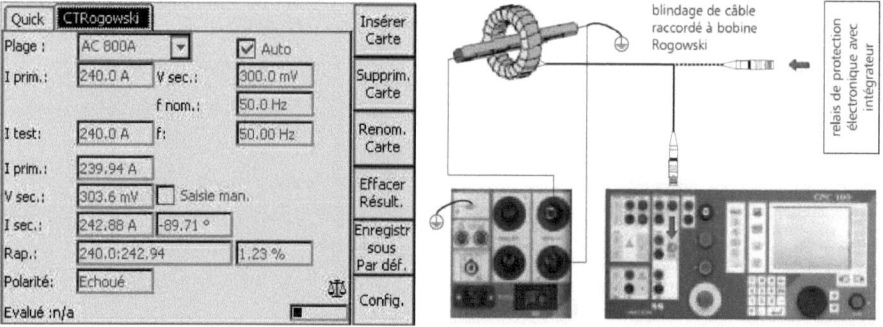

Fig.V.7 - Schéma de test d'un TC tore.

B) - Transformateur de courant phase « Balteau »

Les caractéristiques des TC phase «Fig. V.8» sont:

- Marque : BALTEAU,
- Type : SC 30,
- Tension de service : 30 kV,
- Calibre et couplage : 125 - **250 / 5**,
- Classe de précision : 5P10,
- Puissance de précision: 10 VA.

                                                    Primaire

                                                    Secondaire

Fig.V.8 - Transformateur de courant phase.

C) - Disjoncteur MT 30 kV Merlin Gerin

Le disjoncteur utilisé de marque Merlin Gérin et type : Fluarc FB4 (Figure.V.9) est installé sur des réseaux dits de moyenne tension. On le trouve sur de nombreux réseaux d'alimentation de sites industriels (Raffineries, SNCF, SONATRACH, …etc.) et sur le réseau de distribution domestique (poste abonné, agglomérations) [37].

- Les caractéristiques électriques d'un tel système de protection sont :

- La tension assignée (kV),
- Le niveau d'isolement :
    - Tenue à fréquence industrielle (kV eff.),
    - Tenue aux chocs de foudre (kV crête).
- Le courant assigné (A),
- Le courant de courte durée admissible ou pouvoir de coupure (kA),
- La tenue à l'arc interne (kA).

La fonction d'un disjoncteur est de connecter et de déconnecter, sur commande et dans des conditions précises, le réseau électrique sur lequel il est implanté, de son alimentation. Ce disjoncteur comporte :

- Un bâti (hauteur 1,55 m, largeur 0,80 m, profondeur 0,90 m),
- Des broches de connexion au réseau,
- Trois pôles fixes,
- Trois pôles mobiles,
- Des actionneurs,
- Une transmission mécanique,
- Des capteurs de position,
- Un câblage,
- Une commande manuelle,
- Un système de blocage,
- Un compteur d'énergie électrique.

Le mouvement des pôles mobile ouvre ou ferme les contacts entre les broches de connexion au réseau. Ces contacts sont confinés dans trois ampoules pressurisées contenant de l'hexafluorure de souffre (SF6).

 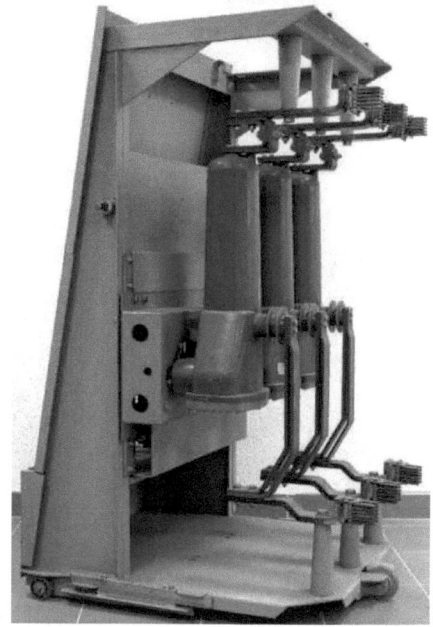

Fig.V.9 - Disjoncteur Fluarc FB.4 à commande en plastron.

Une vue d'une maquette numérique du disjoncteur Fluarc FB4 réduite à la représentation de :

- Trois ampoules pressurisées,
- La transmission mécanique (bloc de puissance),
- La commande mécanique (bloc de commande),
- Le moteur électrique d'armement,
- Deux couples de ressorts de fermeture,
- Deux couples de ressorts d'ouverture,
- L'actionneur de la commande de fermeture,
- L'actionneur de la commande d'ouverture.

Chaque ampoule comporte :

- Un pôle fixe,
- Un pôle mobile.

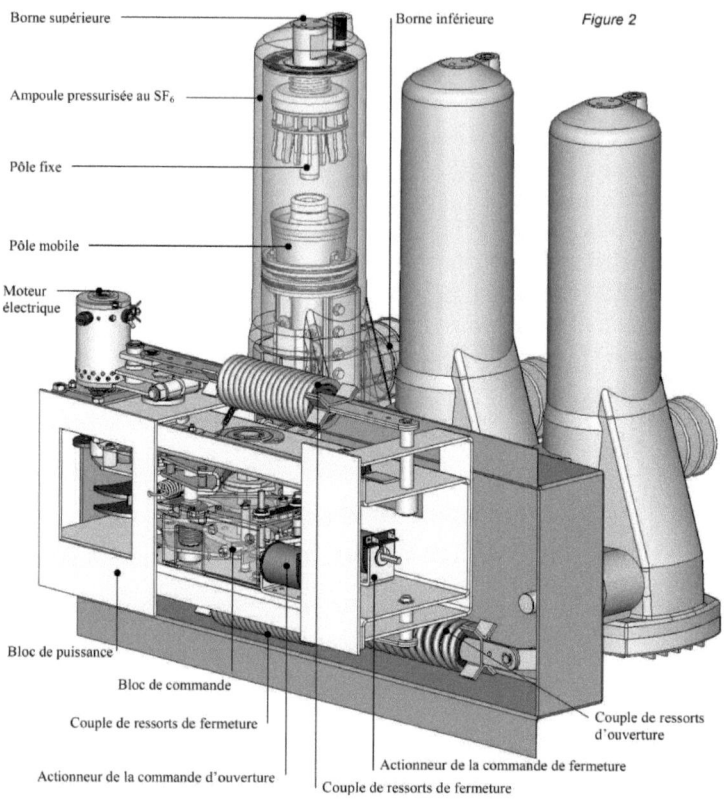

Fig.V.10 - Conception d'un Disjoncteur Fluarc FB.4.

C.1) - Le pôle mobile

Le pôle mobile (Fig.V.11) est un ensemble conducteur guidé en translation par rapport à l'ampoule. Il établit le contact avec le pôle fixe lors de la phase de fermeture et rompt le contact en s'éloignant du pôle fixe lors de la phase d'ouverture.

Caractéristiques principales du pôle mobile :

- Son guidage par rapport à l'ampoule est conducteur du courant du réseau électrique MT,
- Il est lié électriquement à la borne inférieure,
- Il guide en translation un pôle mobile secondaire monté sur ressort sur lequel se focalise l'arc électrique,
- Il est porteur d'un piston muni d'un clapet de non retour qui se ferme en phase d'ouverture (c'est la phase critique du point de vue de l'arc). Ce piston crée un flux du gaz SF6,

102

- Il est pourvu de buses qui orientent et accélèrent le flux du gaz SF6 (diélectrique et caloporteur) dans la zone de l'arc afin de le refroidir et de favoriser sont extinction (en phase d'ouverture),
- Il comporte un « bol » en cuivre qui offre sa surface intérieure aux contacts principaux.

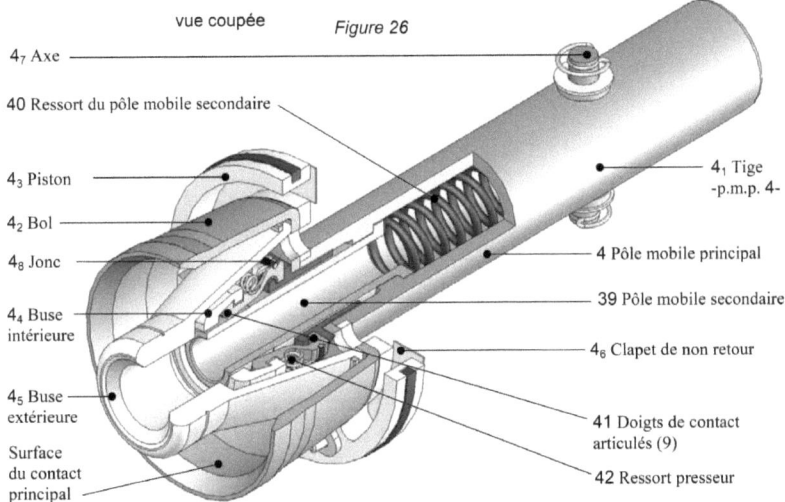

Fig.V.11 - Conception d'un pôle mobile.

C.2) - Le pôle fixe

Le pôle fixe est un ensemble conducteur logé au fond de l'ampoule (Fig. V.12), connecter électriquement à la borne supérieure. Il comporte seize doigts articulés montés sur des ressorts-lames.

En position fermé :

- Les extrémités de ces doigts établissent le contact avec la partie intérieure du bol du pôle mobile en phase de fermeture et réalisent ainsi le contact principal.
- Le tube central du pôle fixe repousse le pôle mobile secondaire au cours de la fermeture. Lors de l'ouverture, l'arc électrique se forme entre les extrémités du tube central du pôle fixe et du pôle mobile secondaire.

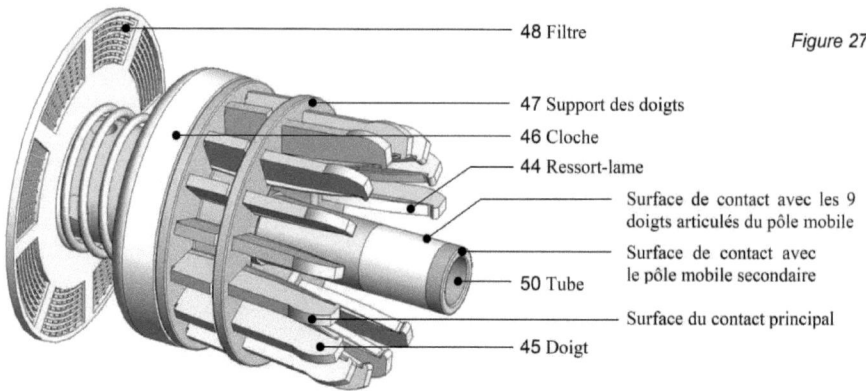

Fig.V.12 - Conception d'un pôle fixe.

D) - Relais de protection de courant homopolaire REF 543

Ce relais de protection pour arrivées et départs MT, REF 543 fait partie du système d'automation de poste électrique de la société ABB. Il utilise la technologie moderne appliquée aussi bien dans les solutions logicielles que matérielles.

La performance du terminal est élevée grâce à l'utilisation de l'architecture de multiprocesseur. Le traitement numérique des signaux avec une unité centrale puissante et la gestion d'entrées/sorties (E/S) distribuée facilitent l'exécution des opérations parallèles et améliorent la précision et les temps de réponse.

L'interface utilisateur IHM dotée d'un écran à cristaux liquides à vues multiples permet l'utilisation fiable et aisée du terminal REF 543 Il enseigne l'opérateur à travers les différentes procédures du système [38].

D.2) - Schémas de câblage

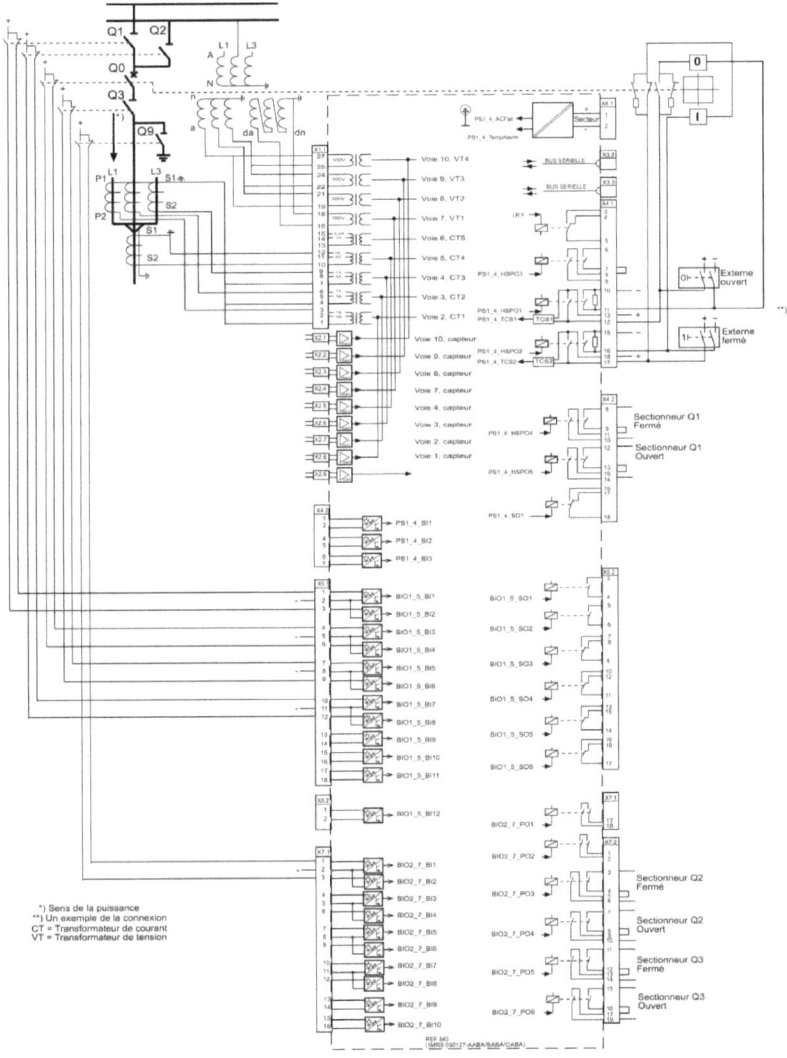

Fig.V.13 - Schéma de câblage du relais REF 543 sur un départ MT [38].

E) - Logiciel d'analyse et d'évaluation des défauts « *WinEve* »

Les réseaux de distribution et les réseaux de transport à haute tension constituent le pivot des centres de production et de distribution de l'énergie électrique. Tout défaut dans un réseau de transport peut provoquer un désastre économique.

Accéder rapidement aux informations concernant le type et l'éloignement du défaut est capital pour pouvoir effectuer les réparations et la maintenance, réduisant ainsi les conséquences financières qu'entraîne une interruption de la fourniture en énergie électrique.

Le système d'évaluation et d'analyse des défauts *WinEve* permet de prendre sans tarder les mesures nécessaires afin de réduire les dommages dus à l'apparition d'un défaut dans les réseaux de transport et de distribution de l'énergie électrique ou dans les centres de production de l'énergie électrique.

Le logiciel *WinEve* réduit les durées d'arrêt sur les lignes de distribution et de transport et facilite le rétablissement rapide de l'approvisionnement en énergie électrique. Lorsqu'un fichier de perturbographie est rapatrié d'un perturbographe (appareils dédiés ou dispositifs de protection), le système *WinEve* peut avoir été configuré de façon à évaluer et analyser automatiquement le fichier reçu et à imprimer les résultats de l'analyse sous forme d'un rapport succinct. *WinEve* offre les avantages suivants:

• Analyse rapide des incidents avec impression automatique ou manuelle d'un "rapport succinct",

• Réduction des temps nécessaires pour identifier l'origine des problèmes avec des informations précises concernant le type et l'éloignement du défaut,

• Localisation précise du défaut permettant d'amener rapidement les équipes de réparation sur site,

• Réduction de l'impact économique résultant d'une coupure de courant puisque les équipes de réparation peuvent remettre plus vite les lignes défectueuses en service,

• Icônes à pointer conviviales qui permettent de réduire le temps nécessaire pour effectuer les analyses indispensables,

• Analyse statistique des défauts fournissant des informations sur les problèmes répétitifs, ces derniers pouvant alors être traités plus efficacement,

• Réduction des coûts de fonctionnement et de maintenance,

• Calculs de performance avec valeur ajoutée et analyse combinée de plusieurs fichiers de perturbographie.

Le système **WinEve** peut opérer sur tout ordinateur équipé de Microsoft Windows NT ou de Windows 95/98. Il peut ainsi procéder à l'analyse et à l'évaluation des défauts dans les domaines suivants:

- Les réseaux de distribution, de transmission et de transport,
- Les centrales électriques dans les sites industriels et les services auxiliaires des centrales,
- Les centrales électriques avec les systèmes de protection d'alternateur et de transformateur et les protections dans les réseaux de transport.

V.2.3.3) - Résultats et commentaires

Ces courbes sont obtenues dans le cas d'un court circuit phase-terre en utilisant le logiciel « *WinEve* » de ABB. On y voit l'évolution des tensions des trois phases.

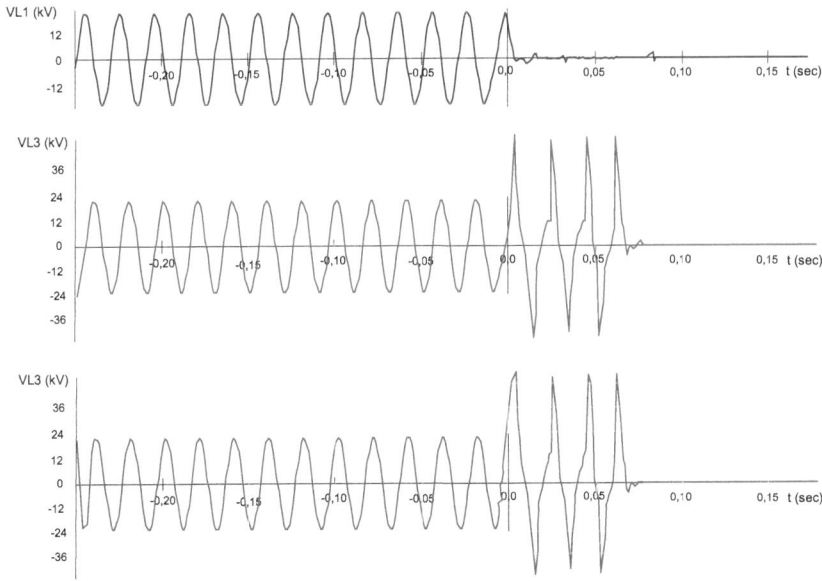

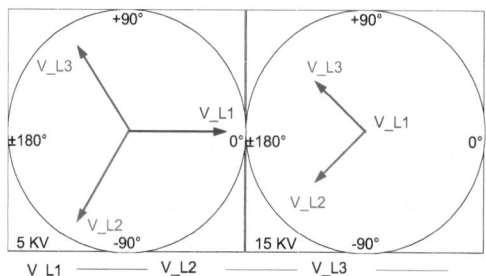

a) Avant le court circuit   b) Pendant le court circuit

Fig.V.14 - Trois tensions simples dans la ligne.

Avant le court-circuit, les tensions simples sont équilibrées en module (égal à 17,341 kV) et déphasées d'un angle de 120° " Fig.V.14.a".

Pendant le défaut, les tensions $V_{L2} = V_{L3}$ sont égales en module et différents en angle, par contre la tension V_{L1} dans la phase est nulle, ce qui valide les résultats obtenus par la suite à partir de la théorie des composantes symétriques "Fig.V.14.b".

Les courbes suivantes illustrent l'évolution de l'intensité des trois courants de ligne.

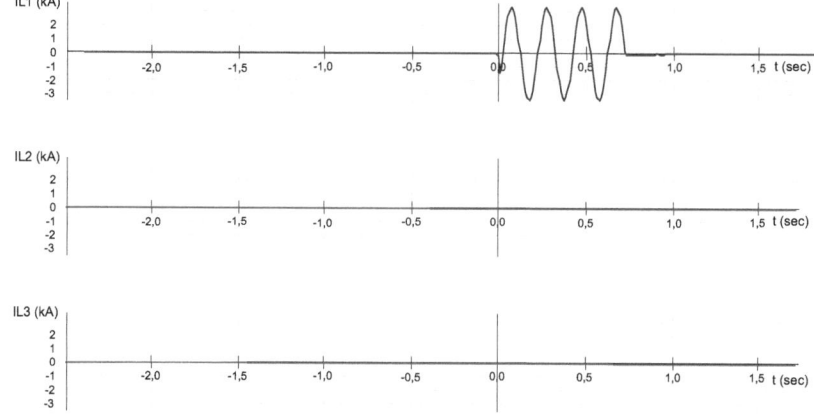

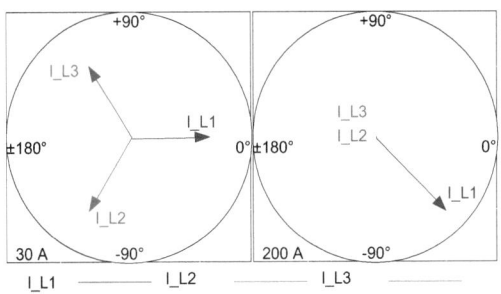

a) Avant le court circuit   b) Pendant le court circuit

Fig.V.15 - Trois courants dans la ligne.

Avant le court circuit les courants de ligne forment un système triphasé équilibré en module égale à 70 A et déphasé chaque phase par un angle de 120° "Fig.V.15.a".

Pendant le court circuit les courants dans les phases saines $I_{L2} = I_{L3}$ sont égaux et très faibles en comparaison avec le courant de défaut sur la ligne 1 "Fig.V.15.b".

Les courbes suivantes illustrent l'évolution des tensions symétriques (Direct, Inverse et Homopolaire)

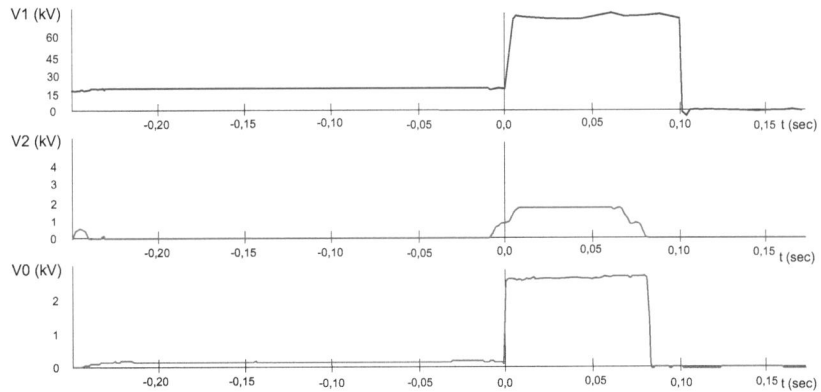

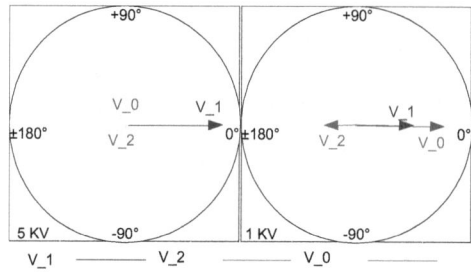

a) Avant le court circuit   b) Pendant le court circuit

Fig.V.16 - Les tensions symétriques : direct, inverse et homopolaire dans la ligne.

Avant le court circuit, il n'existe évidemment qu'une seule composante qui est la composantes directe (le système est équilibré) "Fig.V.16.a". Mais pendant le court circuit les composantes inverse et homopolaire prennent naissance "Fig.V.16.b".

Les courbes suivantes illustrent l'évolution des courants symétriques (Direct, Inverse et Homopolaire).

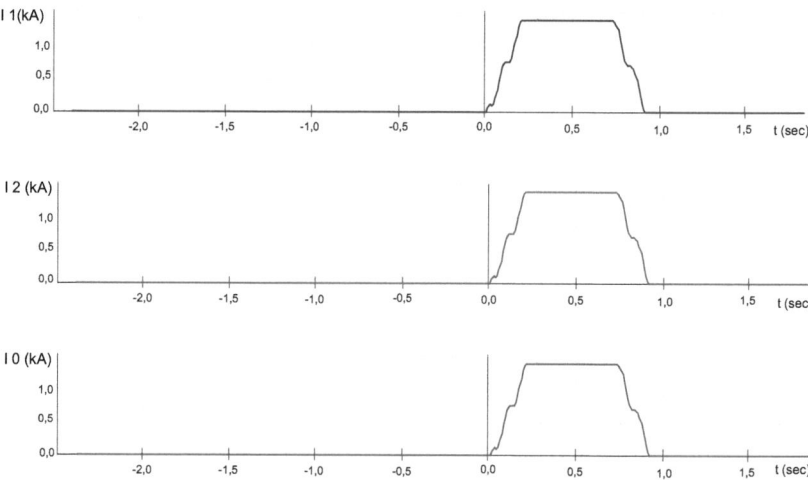

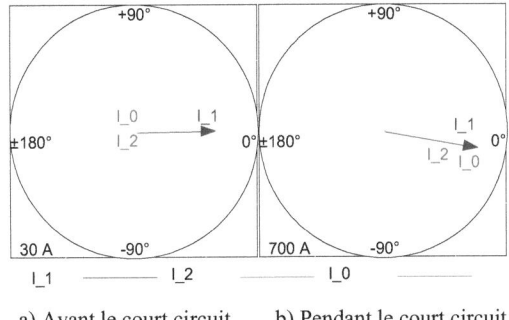

a) Avant le court circuit   b) Pendant le court circuit

Fig.V.17 - Les courants symétriques : direct, inverse et homopolaire dans la ligne.

La "Fig.V.17.a" représente le système équilibré des courants avant le court circuit, on remarque que le courant directe I_2 et homopolaire I_0 sont nuls et une seule composante existe c'est I_1 .

La "Fig.V.17.b" représente un système déséquilibré des courants, on remarque que les courants I_1, I_2 et I_0 sont de même valeur en module et en déphasage, ce qui confirme la théorie des composantes symétriques.

La courbe suivante illustre l'évolution de courant de terre :

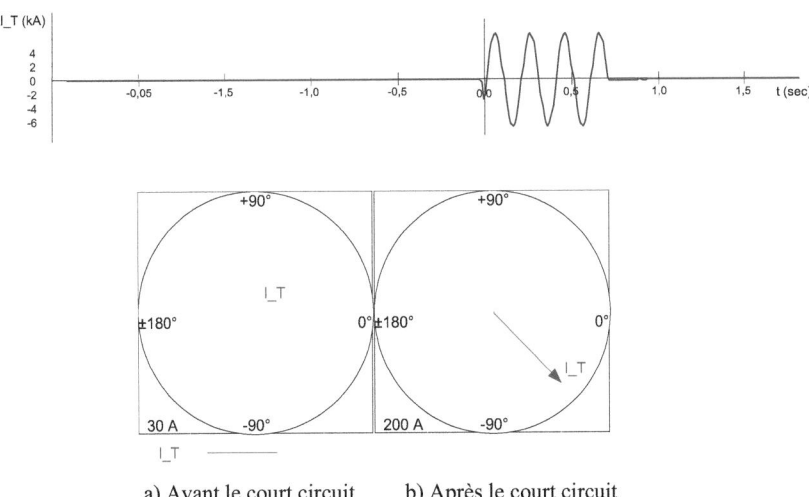

a) Avant le court circuit   b) Après le court circuit

Fig.V.18 - Le courant de terre.

La "Fig.V.18" représenté l'état normal sans court circuit $I_t = 0$, parce que le système est équilibré et que la somme des trois phases est égale à zéro. Lorsqu'on a un court circuit à la terre, I_t sera égal à I_{L1}, parce que le défaut touche la phase N°1.

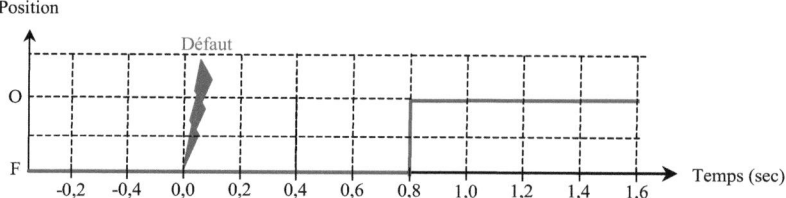

Fig.V.19 - Etat de position de disjoncteur MT en fonction du temps.

Sur la "Fig.V.19" qui représente la position du disjoncteur (F: fermé et O: ouvert) de ce départ MT, on remarque qu'il est fermé avant le défaut.

On a crée un défaut à la terre à t = 0 avec un courant supérieur à 87,5 A (seuil de réglage), le disjoncteur s'ouvre après une temporisation de 0,8 seconde (réglages du relais), le disjoncteur est ouvert sans réenclencheur: le déclenchement est définitif.

V.2.4) - Résultats de calcul selon la norme CEI 60909

La CEI est une organisation mondiale de normalisation composée de l'ensemble des comités électrotechniques nationaux (Comités nationaux de la CEI). La CEI a pour objet de favoriser la coopération internationale pour toutes les questions de normalisation dans les domaines de l'électricité et de l'électronique. A cet effet, la CEI, entre autres activités, publie des Normes Internationales. Leur élaboration est confiée à des comités d'études, aux travaux desquels tout Comité national intéressé par le sujet traité peut participer. Les organisations internationales, gouvernementales et non gouvernementales, en liaison avec la CEI, participent également aux travaux. La CEI collabore étroitement avec l'Organisation Internationale de Normalisation (ISO), selon des conditions fixées par accord entre les deux organisations [39]. Les décisions ou accords officiels de la CEI concernant les questions techniques, représentent, dans la mesure du possible un accord international sur les sujets étudiés, étant donné que les Comités nationaux intéressés sont représentés dans chaque comité d'études.

Les documents produits se présentent sous la forme de recommandations internationales. Ils sont publiés comme normes, rapports techniques ou guides et agréés comme tels par les Comités nationaux. La CEI n'a fixé aucune procédure concernant le marquage comme indication d'approbation et sa responsabilité n'est pas engagée quand un matériel est déclaré conforme à l'une de ses normes [39].

La norme internationale **CEI 60909** a été établie par le comité d'études 73 de la CEI - *Courant de Court-circuit dans les Réseaux Triphasés à Courant Alternatif*, elle se compose de [39]:

> *Partie 0* : Calcul des courants,
> *Partir 1* : Facteurs pour le calcul des courants de court-circuit,
> *Partir 2* : Matériels électrique - données pour calcul des courants de court-circuit,
> *Partie 3* : Courant durant deux court-circuits monophasés simultanés séparés de la terre et courants de court-circuit partiels s'écoulant à travers la terre,
> *Partie 4* : Exemple pour le calcul des courants de court-circuit.

- Les résultats de calcul, suivant cette norme, sont résumés dans le tableau suivant :

		Avant le court circuit		Pendant le court circuit	
		Module	Angle (°)	Module	Angle (°)
Les tensions simples dans la ligne (kV)	V_{L1}	17,341	0	0	0
	V_{L2}	17,341	+ 120	45,826	- 0,0169
	V_{L3}	17,34	+ 240	45,826	+ 0,0169
Les courants dans la ligne (A)	I_{L1}	70	0	6043,1	- 0,0898
	I_{L2}	70	+ 120	0	- 0,1242
	I_{L3}	70	+ 240	0	- 0,1242
La tension directe, inverse et homopolaire dans la ligne (kV)	V_1	17,341	0	2	0
	V_2	0	0	1	0
	V_0	0	0	3	0
Les courants direct, inverse et homopolaire dans la ligne (A)	I_1	70	0	2014,4	-1,5676
	I_2	0	0	2014,4	-1,5676
	I_0	0	0	2014,4	-1,5676
Courant de court circuit (A)	I_{cc}	0	0	6043,1	- 0,0898
Courant de terre (A)	I_{terre}	0	0	6043,1	- 0,0898

Tab. V.1 - Calcul d'un court circuit phase à la terre suite la norme CEI 60909.

Les résultats des essais est confirme par les résultats calculer suit la méthode de la commission internationale d'électrotechnique.

V.3) - Essais de relais de la protection maximum courant phase sur un départ 10 kV

Le but de cet essai est de voir le comportement d'un réglage de courant phase contre un défaut entre phases 2 et 3 sur départ MT 10 kV SONADE, issus au poste répartition CREPS.

Pour ce test, nous avons préféré le diagramme d'affichage sous forme d'image de pointeur afin de bien visualiser le déphasage entre les composantes pour détecter la nature et le type de défaut avant et pendant le défaut. Nous avons créé un court circuit permanent entre les trois deux phases (Fig. V.20).

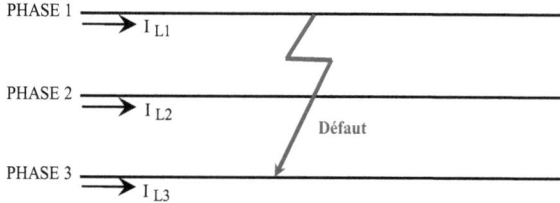

Fig. V.20 - Court-circuit biphasés isolé.

V.3.1) - Caractéristiques et architecture de départ 10 kV

Départ 10 kV SONADE issus au poste répartition 10/10 kV CREPS, il est caractérisé par [35] :

- Tension composée nominale : $U = 10$ kV,
- Section : $S = 185$ mm^2,
- Matériaux : Aluminium
- Résistance linéique : $R = 0,164$ Ω/km
- Réactance linéique : $X = 0,10$ Ω/km,
- Nombre Postes: Distribution publique = 26 et Abonnés = 17,
- Courant maximal à l'état sain : $I = 158$ A,
- Courant maximal à l'état secours : $I_{sec} = 176$ A,
- Longueur souterraine à l'état sain : $L_s = 13,806$ Km,
- Longueur aérienne à l'état sain : $L_a = 0,00$ Km,
- Longueur souterraine à l'état secours : $L_{s\_sec} = 12,374$ Km,
- Longueur aérienne à l'état secours : $L_{a\_sec} = 0,00$ Km,
- Puissance installée: 8770 kVA,
- Puissance demandée: 5650 kVA.

V.3.2) - Réglages de protection proposé

Le seuil de réglage de courant phase sur départ 10 kV SONADE (Fig. V.21) est I réglage = **300 A**. La sélectivité chronométrique de la protection maximum de courant phase est assurée par une temporisation fixe réglée (temps indépendant) à **0,6** seconde, parce que l'arrivée CREPS 1 de poste répartition 10 kV CREPS est réglé à **0,8** seconde, avec un courant de réglage est égale **375 A** (Fig. V. 22).

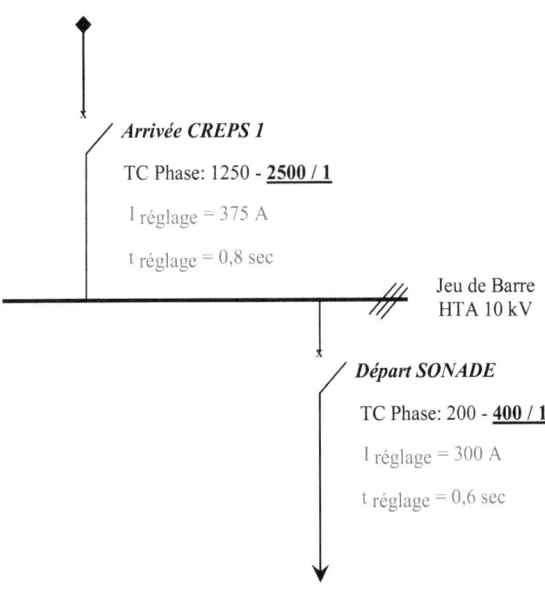

Fig. V.22 - Schéma unifilaire des réglages protections de maximum de courant phase.

V.3.3) - Résultats Pratiques

V.3.3.1) - Schéma global de test

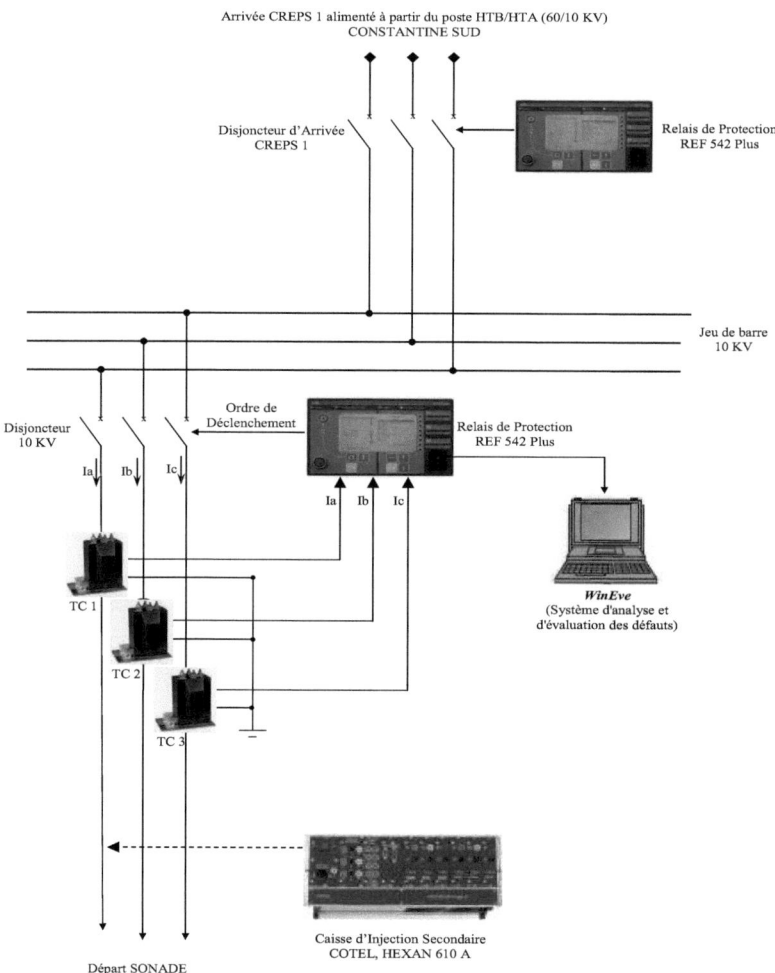

Fig. V.23 - Schéma global de test protection phase.

V.3.3.2) - Equipements des essais

A) - Caisse d'injection secondaire COTEL

L'HEXAN est un appareil de test des relais de protection des réseaux électriques moyenne ou haute tension (Fig. V.24). Elle permet de mesurer les seuils de déclenchement et la temporisation associée au relais ou au disjoncteur. Elle se compose de deux parties : L'appareil d'injection avec les amplificateurs et la commande (PC ou MCM) sur lequel va fonctionner le logiciel de pilotage [40].

A.1) - Equipements Intégré

L'HEXAN est un appareil modulaire et peut recevoir différents types de carte :

> ➤ Générateurs de tension et de courant, utilisables simultanément est de 6 (3 I et 3 U),
> ➤ Quatre entrées chronomètres,
> ➤ Une alimentation auxiliaire 24, 48 et 127 VCC.

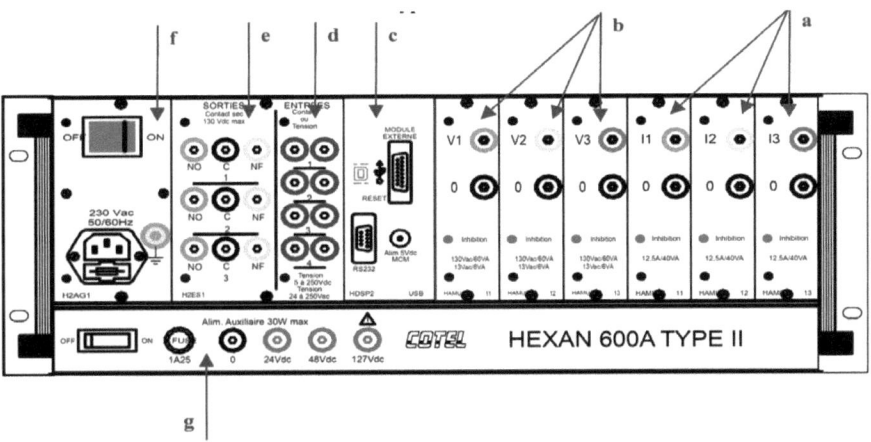

a : Trois amplificateurs de courant,
b : Trois amplificateurs de tension,
c : Module de connexion du PC et des amplificateurs de puissance externe,
d : Entrées du chronomètre,
e : Sorties à contact sec associées au chronomètre,
f : Alimentation de la valise. 230 V AC monophasé 50 Hz 2 pôles + terre,
g : Alimentation auxiliaire 24,48 et 127 VCC.

Fig. V.24 - Conception d'une caisse d'injection et essais Cotel.

A.2) - M.C.M (Module de Commande Manuel)

Le MCM est une interface de commande qui vous dispense désormais d'un PC lors de l'utilisation des valises numériques de la gamme HEXAN (Fig. V.25). Ce dispositif se substitue au PC portable sans aucune modification interne de la valise. Il peut donc équiper les valises HEXAN actuellement en service.

Le MCM est conçu pour répondre aux exigences des utilisateurs des valises d'essais traditionnelles. Sa simplicité d'utilisation, sa rapidité de mise en œuvre et ses multiples fonctions préprogrammées donnent à l'HEXAN un atout supplémentaire pour le test systématique des relais de protection.

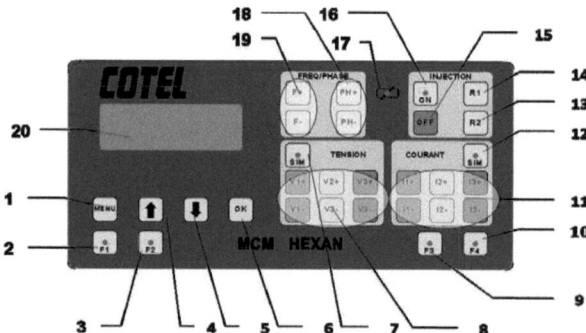

Fig. V.25 - Module de commande manuel (MCM).

A.3) - Amplificateurs de courant

- Les amplificateurs de courant sont caractérisés par :

- Les amplificateurs de courant sont à sorties directes,
- Les trois courant sortie est totalement indépendant en amplitude, phase et fréquence,
- Les amplificateurs de courant sont isolés,
- Tous les amplificateurs sont protégés en température et contre les surcharges,
- Valeur de courant maximal injecté par un seul amplificateur de courant est égale 25 A.

Remarques :

1- Il est possible de mettre les générateurs de courant en parallèle pour augmenter le courant d'injection. Ne pas oubliez de mettre les générateurs en phase et de verrouiller leurs amplitudes respectives dans le logiciel,

2- Si vous disposez de trois amplificateurs de 25 A, vous pourrez injecter un courant monophasé jusqu'à 3 x 25 A = **75 A**,

3. La mise en série des amplificateurs de courant pour obtenir une plus grande puissance pourrait endommager l'appareil.

A.4) - Amplificateurs de tension

- Les amplificateurs de tension sont caractérisé par:

  ➤ Les trois tensions sorties sont totalement indépendants en amplitude, phase et même en fréquence,
  ➤ Les masses des amplificateurs de tension sont communes et reliées au châssis.

B) - Transformateur de courant phase ABB

Les transformateurs de courant marque ABB et type TPU (Fig. V.26), comprennent en général le niveau d'isolation situé entre 3,6 kV et 40,5 kV. Il existe différents types de transformateurs. Les principales parties du transformateur sont constituées du corps en résine époxy, du primaire, du secondaire et du circuit magnétique.

Les transformateurs peuvent être installés dans le tableau de distribution dans toute position ce qui a été éprouvé par les épreuves sismiques.

Le transformateur de courant est conçu de telle sorte qu'il joue le rôle de support pour le conducteur servant de circuit primaire. Les caractéristiques des TC phase sont:

- Marque : ABB,
- Type : TPU,
- Tension de service : 12 kV,
- Calibre et couplage : 200 - **400 / 1** A
- Classe de précision : 10P10,
- Puissance de précision: 10 VA.

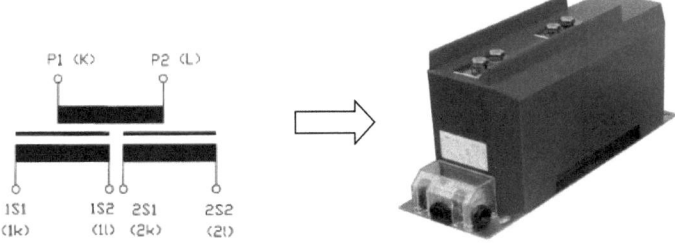

Fig. V.26 - Transformateur de courant phase.

C) - Disjoncteur MT 10 kV ABB (HD.4)

Les disjoncteurs de moyenne tension de type HD.4 (Fig.V. 27), emploient du gaz hexafluorure de soufre (SF6) pour l'extinction de l'arc électrique et comme moyen d'isolement. La coupure dans le gaz SF6 s'effectue sans déchirure de l'arc et sans créer de surtensions [41].

Ces caractéristiques garantissent au disjoncteur une vie électrique plus élevée, et à l'installation des contraintes dynamiques, diélectrique et thermiques limitées.

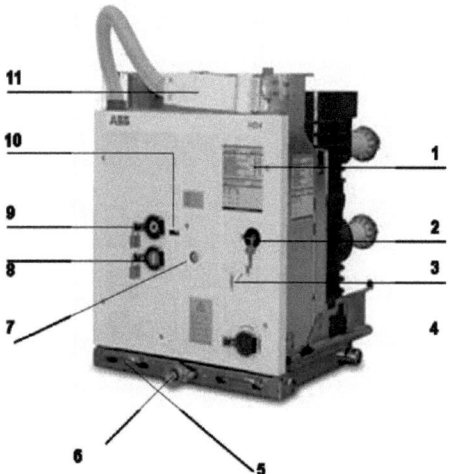

1 - Plaque signalétique

2 - Clé de condamnation disjoncteur ouvert

3 - Indicateur état du ressort de fermeture (bandé/débandé)

4 - Axe de bandage manuel de fermeture

5 - Poignées d'extraction

6 - Axe d'embrochage/débrochage

7 - Indicateur de position (ouvert/fermé)

8 - Bouton poussoir fermeture

9 - Bouton poussoir d'ouverture

10 - Compteur de manœuvre

11 - Prise mobile des auxiliaires

Fig. V.27 - Disjoncteur 10 kV, marque ABB, type HD 4 [41].

Les pôles du disjoncteur, qui constituent la partie de coupure, sont des systèmes à pression scellée pour toute la vie opérationnelle (normes IEC 62271-100 et CEI 17-1).

La commande mécanique, du type ESH, est à accumulation d'énergie à déclenchement libre, et permet des manœuvres d'ouverture et de fermeture indépendantes de l'opérateur. La commande est les pôles sont fixés à la structure métallique, qui sert aussi de support pour le cinématisme d'actionnement des contacts mobiles.

Les disjoncteurs en version débrochable sont équipés d'un chariot pour permettre l'insertion et l'extraction dans le tableau ou dans la cellule. Le disjoncteur a une structure compacte et légère qui garantit une robustesse élevée et une excellente fiabilité mécanique [41].

C.1) - Domaines d'emploi

Les disjoncteurs VD4 sont utilisés dans la distribution électrique, pour la commande et la protection de lignes, sous-stations de transformation et de distribution, moteurs, transformateurs, générateurs, batteries de condensateurs, etc.

Grâce à la technique de coupure autopuffer (auto soufflage), dans le SF6, les disjoncteurs HD4 ne créent pas de surtensions de manœuvre, par conséquent ils sont indiqués aussi pour la reconfiguration, la modernisation et l'agrandissement d'anciennes installations dans lesquelles les matériaux isolants des moteurs, câbles, etc. peuvent être particulièrement sensibles aux sollicitations diélectriques.

C.2) - Principe de coupure [41]

Le principe de coupure des disjoncteurs HD4 se base sur les techniques de compression et d'autogénération, pour obtenir les meilleures performances avec n'importe quelle valeur de courant de coupure, avec des temps d'arc minimaux, l'extinction graduelle de l'arc sans déchirure, l'absence de réinsertions ou de surtensions de manœuvre (Fig. IV.28).

La série HD4 introduit dans la moyenne tension les avantages de la technique de coupure "autopuffer", déjà employée pour la haute tension.

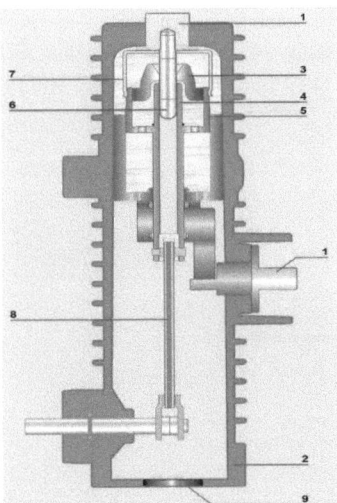

1 - Borne,

2 - Cellule isolant,

3 - Buse de soufflage,

4 - Contact d'arc mobile,

5 - Contact principal mobile,

6 - Contact d'arc fixe,

7 - Contact principal fixe,

8 - Bielle isolante,

9 - Soupape anti-explosion.

Fig. V.28 - Conception interne d'un pôle.

121

C.3) - Les caractéristiques techniques [41]

- Tension assignée et d'isolement : 12 kV,
- Tension de tenue à 50 Hz : 28 kV,
- Tension de tenue sous choc : 75 kV,
- Fréquence assignée : 50-60 Hz,
- Courant assigné en service continu (40 °C) : 630 A,
- Pouvoir de coupure assigné : 40 kA,
- Courant de courtes durées admissibles assignées (3 s) : 16 kA,
- Pouvoir de fermeture : 40 kA,
- Séquence opérations : O-0,3s-CO-15s-CO,
- Durée d'ouverture : 45 ms,
- Durée d'arc : 10 à 15 ms,
- Durée totale de coupure : 55 à 60 ms,
- Durée de fermeture : 80 ms,
- Dimensions : H = 640 mm, L = 493 mm, P = 495 mm,
- Poids : 120 Kg,
- Pression absolue du SF6 : 380 kPa.

D) - Relais de protection de courant phase *REF 542 plus* [42]

Le relais *REF 542 plus* est une unité de protection et de contrôle principalement destiné au montage dans les installations moyenne tension. Cet appareil est le successeur de l'unité multifonctions REF542 et assure, comme son prédécesseur, les fonctions : protection, mesure et contrôle. L'unité de protection et de contrôle REF 542 plus regroupe toutes les fonctions secondaires dans un seul appareil qui comprend aussi une fonction d'auto-surveillance.

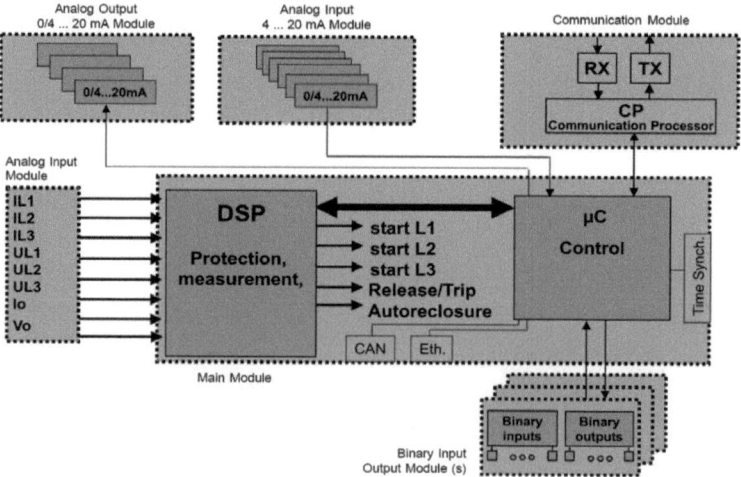

Fig. V.29 - Architecture générale de relais de protection REF 542 plus.

Toutes les fonctions sont conçues sous forme de modules logiciels librement configurables pour répondre à une large gamme d'exigences dans le cadre des stations MT. Grâce à la flexibilité du logiciel, l'unité *REF 542 plus* peut être utilisée sur des tableaux de tout type, indépendamment de l'application spécifique requise.

Le *REF 542 plus* est basé sur un système à microprocesseur à temps réel. Les fonctions de mesure et de protection sont exécutées par un processeur (Fig. V.29) de traitement de signaux D.S.P (**D**igital **S**ignal **P**rocessor) alors que les fonctions de contrôle sont confiées à un **M**icro **C**ontrôleur (M.C). Grâce à cette séparation des tâches, toute modification du schéma de contrôle n'a pas d'influence sur le réglage des fonctions de protection programmées. Un Processeur de Communication (PC) assure l'intégration de l'unité dans un système de conduite des stations. La figure V.30 suivant représente le schéma de câblage du REF542 plus.

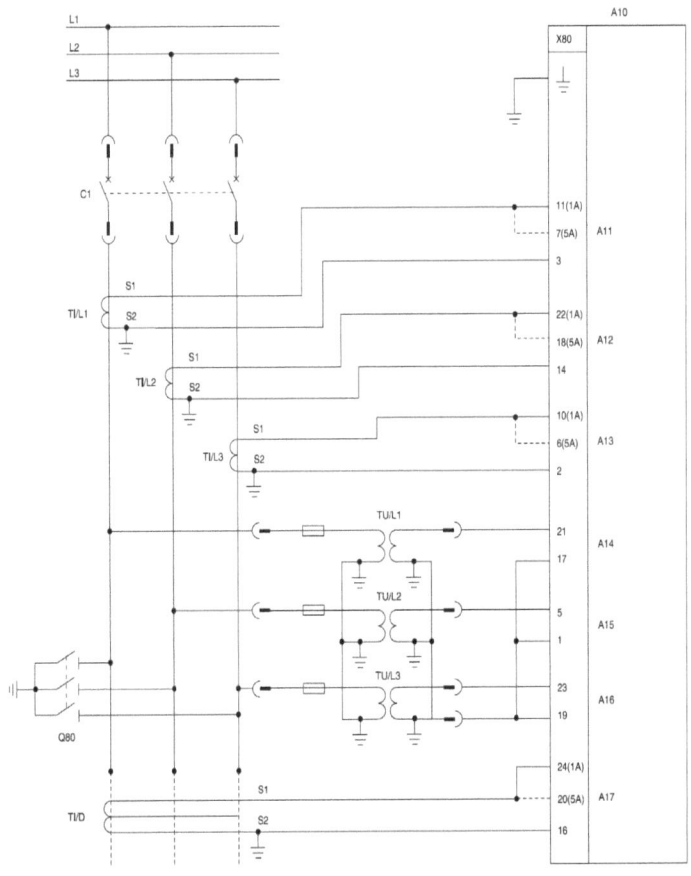

Fig. V.30 - Schémas de câblages du relais REF 542 plus sur un départ MT.

La protection directionnelle contre les défauts de phase analyse la valeur du courant mesuré. En cas de dépassement de la valeur de réglée, la protection est activée. Après expiration de la temporisation choisie, la protection est déclenchée.

Pour déterminer le sens du défaut, toutes les tensions de phase doivent être connectées à la REF542 *plus*. La protection possède une mémoire de tension qui lui permet de fonctionner même si le défaut survient à proximité immédiate du transformateur/capteur de tension. Un signal directionnel peut être envoyé à la station opposée par sortie binaire (BO).

Le contenu du signal directionnel de la station opposée (sortie BS) peut être utilisé pour déclencher sa propre protection directionnelle. Une protection directionnelle avec comparaison de signaux peut ainsi être établie en cas de connexion des signaux entre les stations.

Le diagramme d'impédance ci-dessous montre les sens direct et inverse en cas de court-circuit triphasé. Compte tenu de l'utilisation des phases saines, la zone de détermination directionnelle en cas de condition de défaut asymétrique peut changer en fonction des paramètres du réseau.

D.3) - Programmation et paramétrage (Operating Tool):

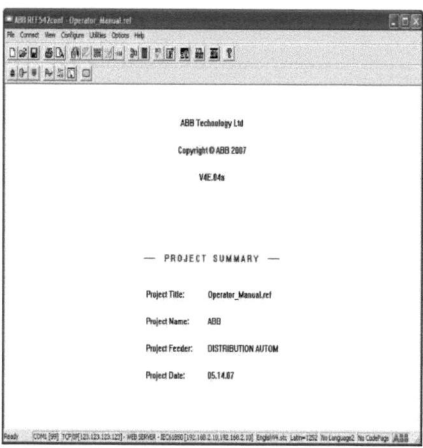

Fig. V.31 - Architecture générale du logiciel.

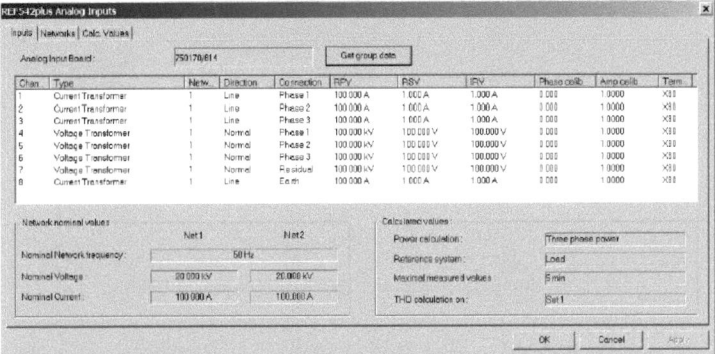

Fig. V.32 - Déclaration des entrées analogique (transformateur de courant et de tension).

E) - Logiciel d'analyse et d'évaluation des défauts « *WinEve* » :

On utilise le même logiciel qu'au test N°1.

V.3.3.3) - Résultats et commentaires

      Ces courbes sont obtenues dans le cas d'un court circuit phase-terre en utilisant le logiciel « WinEve » d'ABB. On y voit l'évolution des tensions des trois phases.

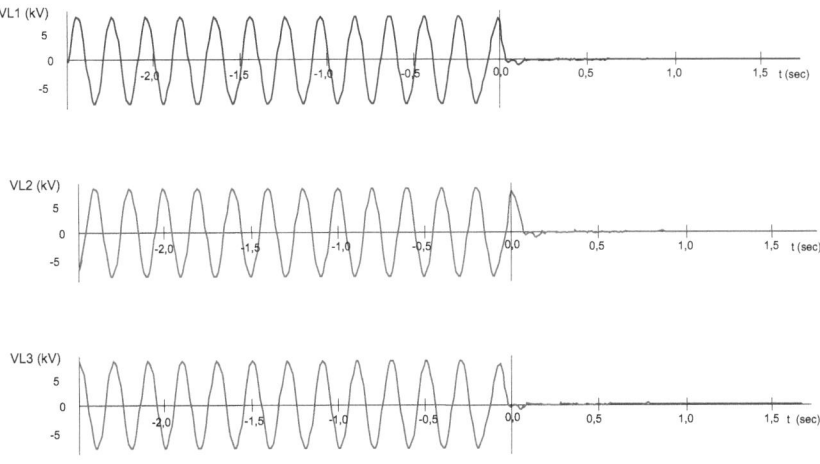

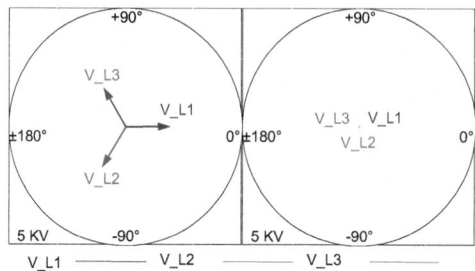

a) Avant le court circuit   b) Pendant le court circuit

Fig. V.33 - Trois tensions simples dans le câble.

Avant le court-circuit les tensions simples sont équilibrées an module égale 5,7803 KV et déphasées d'un angle de 120° (Fig. V.33.a) pour chaque phases. Par contre pendant le court circuit les tensions $V_{L2} = V_{L2} = V_{L3}$ sont égales en module et angle.

Les courbes suivantes illustrent l'évolution de l'intensité des trois courants de ligne.

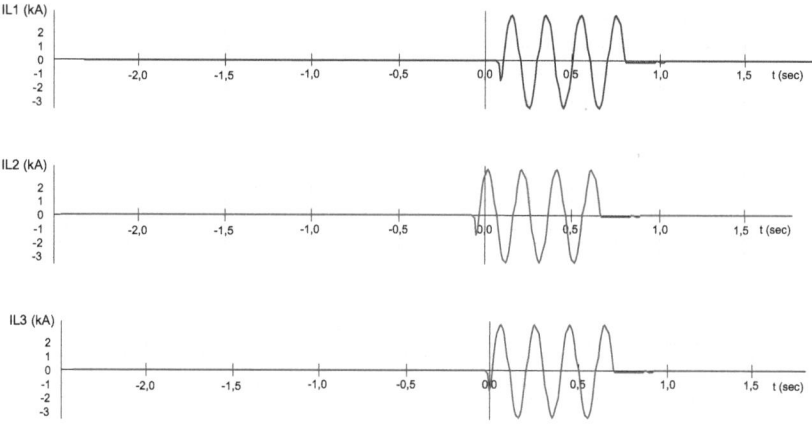

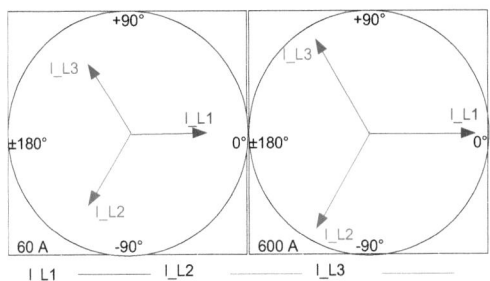

a) Avant le court circuit   b) Pendant le court circuit

Fig. V.34 - Trois courants dans le câble.

Avant le court circuit les courants de ligne forment un système triphasé équilibré (Fig.V.34.a). et pendant le court circuit les courants dans les phases sont égaux en module et différentes en angle (Fig.V.34.b).

Les courbes suivantes illustrent l'évolution des tensions symétriques (Direct, Inverse et Homopolaire)

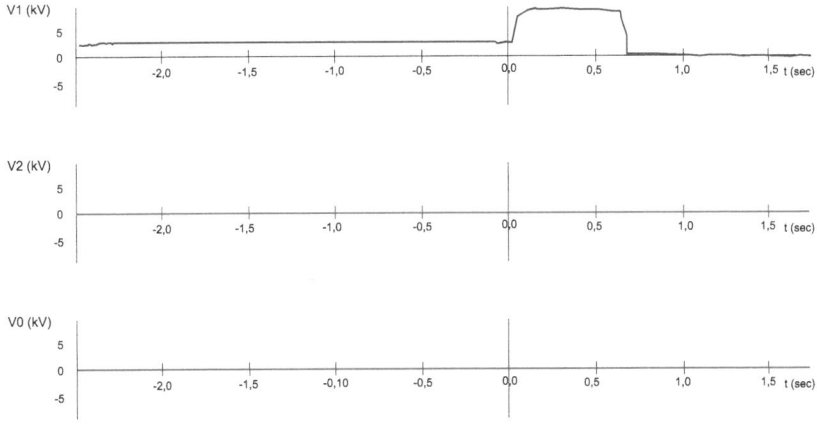

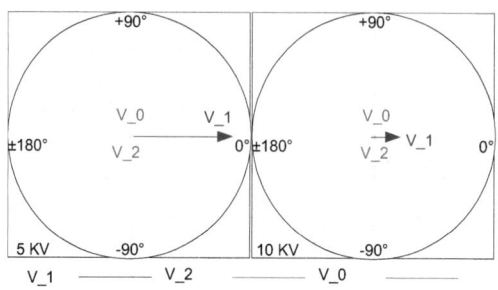

a) Avant le court circuit   b) Pendant le court circuit

Fig. V.35 - La tension symétriques : directe, inverse et homopolaire dans le câble.

Avant le court circuit il n'existe évidemment qu'une seule composante, c'est la composante directe, (le système est équilibré) (Fig. V.35.a). Mais pendant le court circuit les composantes inverse et homopolaire sont nuls, seule existe la composante directe V_1 (Fig. V.35.b).

Les courbes suivantes illustrent l'évolution des courants symétriques (Direct, Inverse et Homopolaire)

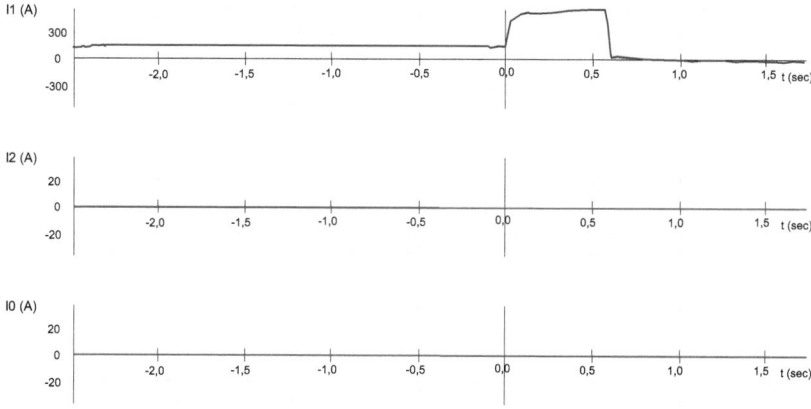

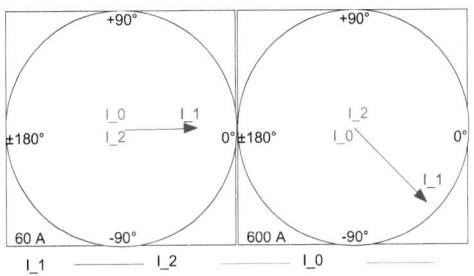

a) Avant le court circuit   b) Pendant le court circuit

Fig. V.36 - Les courants symétriques : direct, inverse et homopolaire dans le câble.

La figure V.36.a représente le système équilibré des courants avant le court circuit, on remarque que le courant directe I_2 et homopolaire I_0 sont nuls et une seule composante existe c'est I_1 et la figure V.36.b représente un système déséquilibré des courants, on remarque que les courants I_0, I_2 sont nuls et le courant I_1 existe.

La courbe suivante illustre l'évolution de courant de terre :

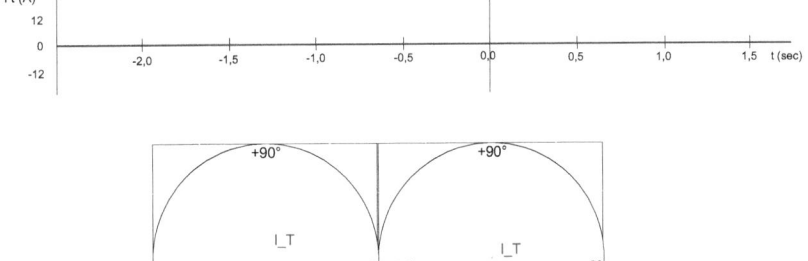

a) Avant le court circuit   b) Après le court circuit

Fig. V.37 - Le courant de terre.

Sur la figure V. 37, le courant de terre n'existe pas (est égale à zéro) avant ou pendant le court circuit parce qu'on a un court circuit isolé.

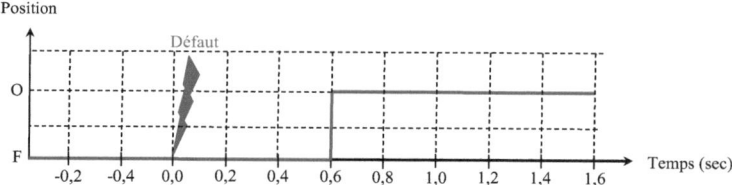

Fig. V.38 - Etat de position de disjoncteur MT en fonction du temps.

La figure V.38" représente la position du disjoncteur de ce départ MT, il est fermé avant le court circuit. On a créé un défaut à la terre à t = 0 avec un courant supérieur le courant de réglage, le disjoncteur s'ouvre après une temporisation de 0,6 seconde (suit la sélectivité chronométrique), le disjoncteur est déclenché définitivement sans réenclencheur parce que est un départ souterraine.

V.3.4) - Résultats de calcul selon la norme CEI 60909

		Avant le court circuit		Pendant le court circuit	
		Module	Angle (°)	Module	Angle (°)
Les tensions simples dans la ligne (KV)	V_{L1}	5,780	0	0	0
	V_{L2}	5,780	+ 120	0	0
	V_{L3}	5,780	+ 240	0	0
Les courants dans la ligne (A)	I_{L1}	158	0	2014,4	-0.0898
	I_{L2}	158	+ 120	2014,4	0,1502
	I_{L3}	158	+ 240	2014,4	0,0302
Les tensions directes, inverses et homopolaire dans la ligne (KV)	V_1	5,780	0	0	0
	V_2	0	0	0	0
	V_0	0	0	0	0
Les courants direct, inverse et homopolaire dans la ligne (A)	I_1	158	0	2008	3,1416
	I_2	0	0	0	0
	I_0	0	0	0	0
Courant de court circuit (KA)	I_{cc}	0	0	2014,4	-0.0898
Courant de terre (KA)	I_{terre}	0	0	0	0

Tab. V.2 - Calcul d'un court circuit biphasés isolé suite la norme CEI 60909.

Les résultats des essais est confirme par les résultats calculer suit la méthode de la commission internationale d'électrotechnique.

V.4) - Résultats de localisation de défaut de câble

Nous avons utilisé la méthode de Fourier et échométrie de tension sur un câble moyenne tension 10 kV, pour trois types de des défauts à la terre (monophasé, biphasé et triphasé) sont simulés pour une distance de 64 _km_, pour différents niveaux de charge et différentes résistances de défaut $R f$, en utilisant les deux techniques, pendant l'intervalle [0 à 0,5] _sec_. Le défaut survient à l'instant 0,35s.

V.4.1) - Résultats calculés utilisant la technique de Fourier

Nous avons échantillonné les signaux obtenus aux _**deux extrémités**_ de la ligne en utilisant un bloc spécial dans la bibliothèque de SIMULINK puis nous avons traité ces échantillons par un programme élaboré sous l'environnement MATLAB, basé sur l'algorithme étudié précédemment. Les phaseurs des signaux échantillonnés sont ainsi obtenus et la distance de défaut estimée. La figure V.39 montre l'organigramme du programme élaboré (Fig. V.29).

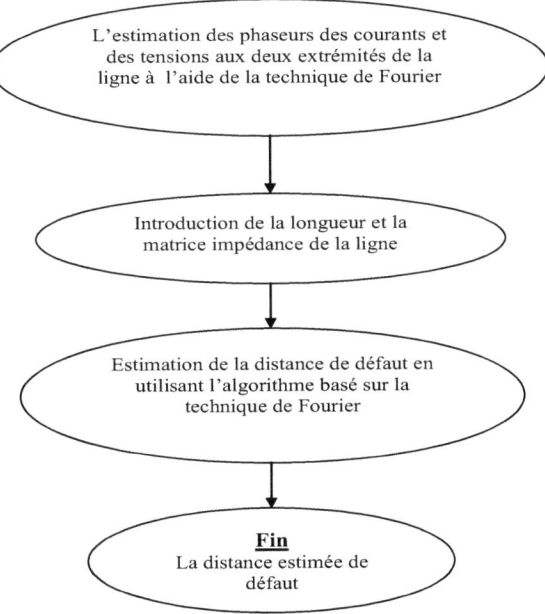

Fig. V.39 - Algorithme utilisé.

Type de Défauts	Niveau de Charges en MVA	Distance de défaut en km	
		$Rf = 0,01\ \Omega$	$Rf = 0,035\ \Omega$
Monophasé	20	86,670	37,667
	35	85,225	37,652
	40	88,133	37,124
Biphasé	20	62,896	62,907
	35	62,969	62,939
	40	62,977	62,986
Triphasé	20	63,969	64,046
	35	63,917	64,003
	40	63,949	64,040

Tab. V.3 - Résultats de la technique de Fourier.

V.4.2) - Résultats mesurés par la technique de échométrie de tension

Type de Défauts	Niveau de Charges en MVA	Distance de défaut en km	
		$Rf = 0,01\ \Omega$	$Rf = 0,035\ \Omega$
Monophasé	20	87,592	38,442
	35	86,008	39,003
	40	89,554	38,641
Biphasé	20	63,923	63,990
	35	64,887	64,083
	40	63,145	64,113
Triphasé	20	64,224	65,553
	35	65,745	66,077
	40	65,643	65,056

Tab. V.4 - Résultats de la technique échométrie de tension (LABO).

D'après les tableaux V.3 et V.4 la précision des deux techniques dépend de la résistance de défaut, du type de défaut et du niveau de charge.

Les résultats donnés par la méthode Fourier, varient peu en fonction de la résistance de défaut et du niveau de charge, comparativement à celui donné par la méthode échométrie de tension.

V.5) - Conclusion

Dans ce chapitre, nous avons présenté les résultats obtenus par essais de relais de protection électrique au réseau électrique 30 et 10 kV. Ce relais apporte un réglage de protection contre les défauts permanent entre phases et phase à la terre et la localisation de défaut de câble électrique MT.

On note que les études des réglages protection proposées sont influencées par la continuité d'alimentation en énergie électrique.

Conclusion Générale

On a énuméré les différentes architecteurs du réseau de distribution moyenne tension et postes électrique (30 et 10 kV). Ces architectures sont très importantes et très sensibles, ce qui nécessite une protection contre les différents types d'anomalies telles que les court-circuits, les surtensions, les surintensités, …etc. Il nous a paru nécessaire de donner assez d'informations sur les différents éléments qui composent un système de protection moyenne tension. Ces éléments sont très importants, très sensibles et doivent être bien choisis et bien réglés afin d'assurer une protection efficace contre les différents types d'anomalies qui peuvent survenir sur le réseau électrique.

On a fait l'état de l'art de la protection qui existe au niveau du réseau de distribution électrique moyenne tension MT (utilisé aussi par la société algérienne Sonelgaz) tout en donnant un aperçu sur la technologie de développement de cette dernière ainsi qu'une étude des réglages de ces protections illustrée par des tableaux pratiques.

Nous avons cité les méthodes de détection ainsi que les différentes étapes de localisation d'un défaut de câble de distribution moyenne tension. L'approche des phraseurs et la méthode de l'échométrie étant les plus utilisées, on va les utiliser dans la suite de ce travail pour l'analyse des défauts.

Nous avons présenté les résultats obtenus par essais de relais de protection électrique au réseau 30 et 10 kV. Ce relais apporte un réglage de protection contre les défauts permanent entre phases et phase à la terre et la localisation de défaut de câble MT. On note que les études des réglages protection proposées sont influencées par la continuité d'alimentation en énergie électrique.

Le bon choix des réglages de la protection contre les défauts à la terre assure à la fois une bonne sécurité des personnes contre les électrisations et des biens contre les effets destructif des courants forts sur les câbles, lignes, jeux de barres, … etc., ainsi qu'une bonne continuité de service globale du réseau MT en isolant partie en défaut du réseau à afin d'en préserver le fonctionnement. Cependant ces réglages doivent s'intégrer dans un plan de réglage des réseaux de distribution MT en respectant la sélectivité chronométrique et ampérométrique de ce plan.

La détection des défauts à la terre par la surveillance du courant homopolaire calculé permet de réduire les coûts du système en évitant de recourir à l'installation d'un TC tore encombrant et nécessitant un quantième port sur le relais pas toujours disponible.

Références Bibliographiques

[1] Groupe SONELGAZ, « Guide Technique de Distribution » Document technique, Algérie 1984.

[2] W.D. STEVENSON, « Elements of Power System Analysis », 4th edition, McGraw Hill Book, USA, 1982.

[3] SIEMENS, « Power Engineering Guide - Transmission and Distribution » 4th Edition, Germany 2005.

[4] J.M. DELBARRE, « Postes à HT et THT - Rôle et Structure », Techniques de l'Ingénieur, Traité Génie électrique, D 4570, France, 2004.

[5] Schneider Electric, « Architecteur de Réseau de Distribution », France, 2007.

[6] Ph. CARRIVE, « Réseaux de Distribution - Structure et Planification » Techniques de l'Ingénieur, Traité Génie électrique D 4210, France, 2006.

[7] M. LAMI, « Protection et Surveillance des Réseaux de Transport d'Énergie Électrique », Volume 2, Electricité de France (EDF), France, février 2003.

[8] C. PRÉVÉ, « Protection des Réseaux Electriques », Edition HERMES, Paris, France, 1998.

[9] C. RUSSELL MASON, « The Art and Science of Protective Relaying », New York, USA, 1956

[10] C. CLAUDE & D. PIERRE, « Protection des Réseaux de Transport et de Répartition » Direction de la Production et du Transport d'Electricité (EDF), Octobre 2005.

[11] S. THEOLEYRE, « Les Techniques de Coupure en MT », Cahier technique N°193, Schneider Electric, France.

[12] S. Y. LEUNG, A. SNIDER & S. M. WONG, « SF6 Generator Circuit Breaker Modeling » International Conference on Power Systems Transients (IPST) in Montreal, Canada on 19-23 June 2005.

[13] H. BENCHIKH EL HOCINE, « Protection Etage MT », Institut de Formation en Electricité et Gaz (IFEG), Centre Ain M'lila, Groupe SONELGAZ, Algérie, Décembre 2009.

[14] S. MEDJMADJ & A. BPUKHALFA, « Surveillance des Transformateurs de Puissance: Approche de la Redondance Matérielle et Quelques Extensions », 4th International Conference on Electrical Engineering (ICEE), Batna, Algérie, 07-08 Novembre 2006.

[15] Z. GAJIC, I. IVANKOVIC & B. FILIPOVIC, « Differential Protection Issues for Combined Autotransformer - Phase Shifting Transformer », IEE Conference on Developments in Power System Protection, Amsterdam, Netherlands, April 2004.

[16] « Guide Technique des Protections de Réseaux de Transport Electricité - Partie 2 : Protection Transformateur HT/MT », Document Technique de Gestionnaire Régionale de Transport Electricité, Mars 2008.

[17] M. MEHDDEB, « Philosophie de Réglage des Protections », Document technique de Gestionnaire Régionale de Transport Electricité GRTE de Sétif, Département Essais et Contrôle, Groupe SONELGAZ, Mais 2006.

[18] D. FULCHIRON, « Protection des Transformateurs des Postes MT/BT » Cahier technique N°192, Schneider Electric, 2003.

[19] Groupe SONELGAZ, « Réglage des Protection Moyenne Tension », Société de Distribution en Electricité et du Gaz de l'Est (SDE), Groupe SONELGAZ, Décembre 2009.

[20] Groupe SONELGAZ, « Philosophie de Réglage des Protections à SDO », Société de Distribution en Electricité et du Gaz de l'Oust (SDO), Groupe SONELGAZ, Juillet 2008.

[21] C. W. SO & K. K. LI, « Time Coordination Method for Power System Protection by Evolutionary Algorithm », IEEE Trans. on Industry Applications Vol. 36, N° 5, page 1235-1240, September-October 2000.

[22] P. LAGONOTTE, « Les Liges et Les Câbles Electriques », Cours Université de Poitiers, France, 2008.

[23] O. CHILARD, G. DONNART & D.RENON, « EDF Patented Protection 'PDTR' Against Resistive Phase to Ground Faults in Compensated MV », CRIS'2004, France à Grenoble, October 2004

[24] G.F. MOORE, « Electric Cables Handbook », 3rd Edition Blackwell Science, 1997.

[25] J. ENGSTROM, « Underground Cables in Transmission Networks », Thesis in Department of Industrial Electrical Engineering and Automation, Lund University

[26] W.A. THUE, « Electrical Power Cable Engineering », Edition by Marcel Dekker, 1999.

[27] H. KUZYK, « Câbles d'énergie - Théorie de l'échométrie », Techniques de l'Ingénieurs D : 4543, 2008.

[28] A.S. AL FULAID, M.A. EL SAYED, « A Recursive Least-Saquares Digital Distance Relaying Algorithm », IEEE, Electrical and Computer Engineering Departement, Kuwait University, 1998.

[29] M. KEZUNOVIC & B. PERUNICIC, « Automated Transmission Line Fault Analysis using Synchronized sampling at Two Ends », IEEE, Texas A&M University, pp.407-413, 1995.

[30] M. AICHOUNE & N. BOUZEGUI, « Localisation des Défauts sur les Lignes Aériennes dans la Protection Numérique », mémoire d'ingénieur d'état en électrotechnique, U.S.T.H.B, Octobre 2003.
[31] J.G. WEBSTER, « Fault Location », Wiely Encyclopaedia of Electrical and Electronics Engineering, copyright by John Wiley and Sons, Inc, page: 276-285, 1999.

[32] J.F. HAURER, C.J. DEMEURE & L.L. SCHARF, « Initial Resultats in Prony Analysis of Power System Response », IEEE Transactions on Power Systems, Vol.5, No.1, February 1990.

[33] M. ADJRAD, « Application du Filtrage de Kalman Etendu à l'Identification d'un Chirp », mémoire de magister à département électronique, Ecole National Polytechnique, Algérie, 1999.

[34] D.L.WAIKAR, S.E. LANGOVAN & A.C. LIEW, « Fault Impedance Estimation Algorithm for Digital distance relaying », IEEE Transactions on Power Delivery, Vol. 9, No. 3, July 1994.

[34] H. KUZYK, « Câbles d'Energie : Recherche et Identification de Défauts », Techniques de l'Ingénieurs D : 4541, France, 2008.

[35] Société de Distribution de l'Electricité et du Gaz de l'Est (S.D.E), « Consigne d'Exploitation du Réseau de Distribution Moyenne Tension 30 et 10 KV en 2009 » SDE, Direction de la Distribution de Constantine, Division Technique Electricité, Algérie, Décembre 2009.

[36] OMICRON, Manuel d'utilisation et câblage, « CMC 256 », France, 2008.

[37] Merlin Gérin, Manuel d'utilisation, « Disjoncteurs MT 30 kV : Fluarc FB.4 », France, juin 2002.

[38] ABB, Manuel d'installation et câblage, « Protection, Surveillance et Commande REF 543 », Distribution Automation, Vaasa, Finlande, mars 2005.

[39] La norme de la commission internationale d'électrotechnique « CEI 60909 : Courant de Court Circuit dans les Réseaux Triphasés à Courant Alternatif », Suisse, 2007.

[40] COTEL, Manuel de Paramétrage et Utilisation, « HEXAN, Type 610 A », France, 2009.

[41] ABB, Manuel d'utilisation et maintenance, « Disjoncteurs de Moyenne Tension Isolés dans le Gaz HD. 4 », Allemagne, 2008.

[42] ABB, Manuel de paramétrage et câblage, « Relais de Protection REF 542 plus » Allemagne, 2009.

1) - Poste source HT/MT

1.1) - Poste 60/30/10 KV- MANSOURAH

1.1.1) - Caractéristiques des transformateurs HT/MT

Caractéristiques	60 KV	30 KV	10 KV
Marque	TUR Dresden RDA		
Type	TDLF 40 000-60 M.Cu		
Norme	IEC 76		
Année de mise en service	1984		
Fréquence	50		
Tension nominale (kV) en position 14	60	31,5	11
Puissance apparent (MVA)	30	15	20
Tension de court-circuit (%) en position 14	10,2	13,2	4,1
Courant nominale (A) en position 14	289	275	787
Symbole de couplage	YN.Yn0.d.11		
Refroidissement	ONAF / ONAN		
Tension d'isolement (kV)	72,5	36	12
Poids total (tonne)	70,2		
Température maximale (°C)	50		

Tab. 1 - Caractéristique technique des transformateurs HT/MT installer au poste MANSOURAH.

1.1.2) - Schémas unifilaires des étages MT

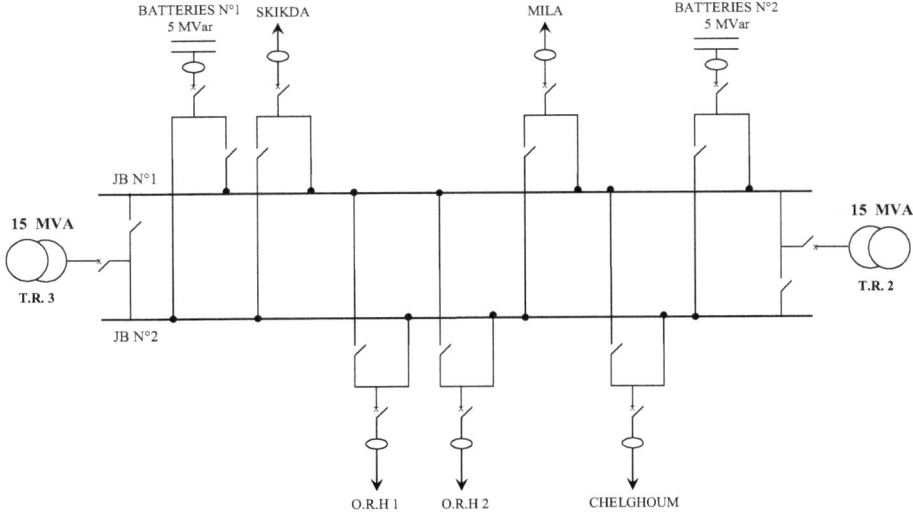

Fig.1.a - Schéma unifilaire de l'étage 30 KV au poste source 60/30/10 KV MANSOURAH.

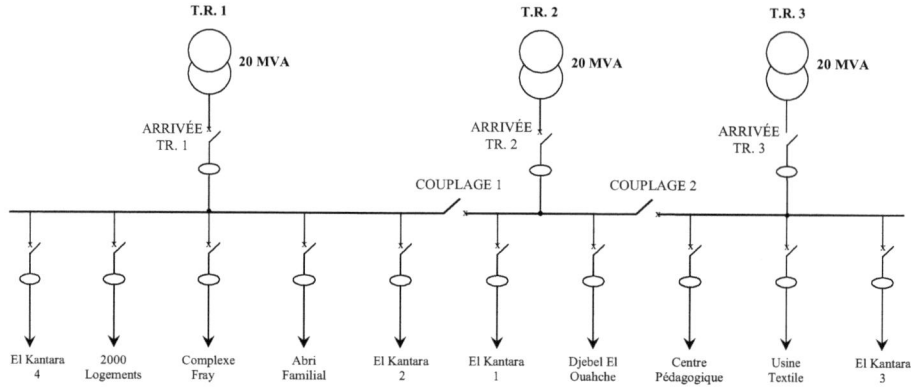

Fig.1.b - Schéma unifilaire de l'étage 10 KV au poste source 60/30/10 KV MANSOURAH.

1.1.3) - Caractéristiques de réseau électrique MT

ARRIVÉES ET DÉPARTS	SECTION CÂBLE (mm²)	LONGUEUR AERIEN (m)	LONGUEUR SOUTEREN (m)	CHARGE DE POINTE (A)
ARRIVÉE T.R 1	2 x 630 - Cu	0	25	538
ARRIVÉE T.R 2	2 x 630 - Cu	0	25	357
ARRIVÉE T.R 3	2 x 630 - Cu	0	25	360
EL KANTARA 1	185 - Cu	0	3786	190
EL KANTARA 2	185 - Cu	0	3786	204
EL KANTARA 3	185 - Al	0	2500	173
EL KANTARA 4	185 - Al	0	2500	154
C. PEDAGOGIQUE	120 - Cu	2200	9779	98
DJ. ELOUAHCHE	185 - Al	0	11158	177
USINE TEXTILE	150 - Al	0	11158	89
2000 LONGTS	185 - Al	0	6112	114
ABRI FAMILIAL	120 - Cu	0	4977	39
COMPLEXE FRAY	120 - Cu	0	9334	86

Tab.2.a - Caractéristiques de réseau électrique 10 KV.

ARRIVÉES ET DÉPARTS	SECTION CÂBLE (mm²)	LONGUEUR AERIEN (m)	LONGUEUR SOUTEREN (m)	CHARGE DE POINTE (A)
ARRIVÉE T.R 1	400 - Cu	0	25	0
ARRIVÉE T.R 2	400 - Cu	0	25	102
ARRIVÉE T.R 3	400 - Cu	0	25	94
MILA	93 - Cu	45365	6761	75
SKIKDA	93 - Cu	27595	339	33
CHELGHOUL LAID	48,3 - Cu	20817	32	42
O.R.H 1	48,3 - Cu	14827	534	13
O.R.H 2	48,3 - Cu	24695	878	39
BATTERIES COND.1	48,3 - Cu	30	0	105
BATTERIES COND.2	48,3 - Cu	30	0	105

Tab.2.b - Caractéristiques de réseau électrique 30 KV.

1.2) - Poste 60/30/10 KV- CONSTANTINE SUD

1.2.1) - Caractéristiques des transformateurs HT/MT

Caractéristiques		60 KV	10 KV
Marque		VEB TRANSFOMATOREN-UND	
Type		TDLF 50 000-60 Cu	
Norme		IEC 76	
Année de mise en service		1982	
Fréquence		50	
Tension nominale (kV) en position 14		60,00	10,50
Puissance apparent (MVA)		40 (ONAF) et 30 (ONAN)	
Tension de court-circuit (%) en position 14		15,0	11,3
Courant nominale (A) en position 14	40 MVA	385	2199
	30 MVA	289	1650
Symbole de couplage		YN.d.11	
Refroidissement		ONAF / ONAN	
Tension d'isolement (kV)		72,5	12,0
Poids total (tonne)		63,8	
Température maximale (°C)		50	

Tab.3 - Caractéristique technique des transformateurs HT/MT installer au poste
CONSTANTINE SUD.

1.2.2) - Schémas unifilaire d'étage MT

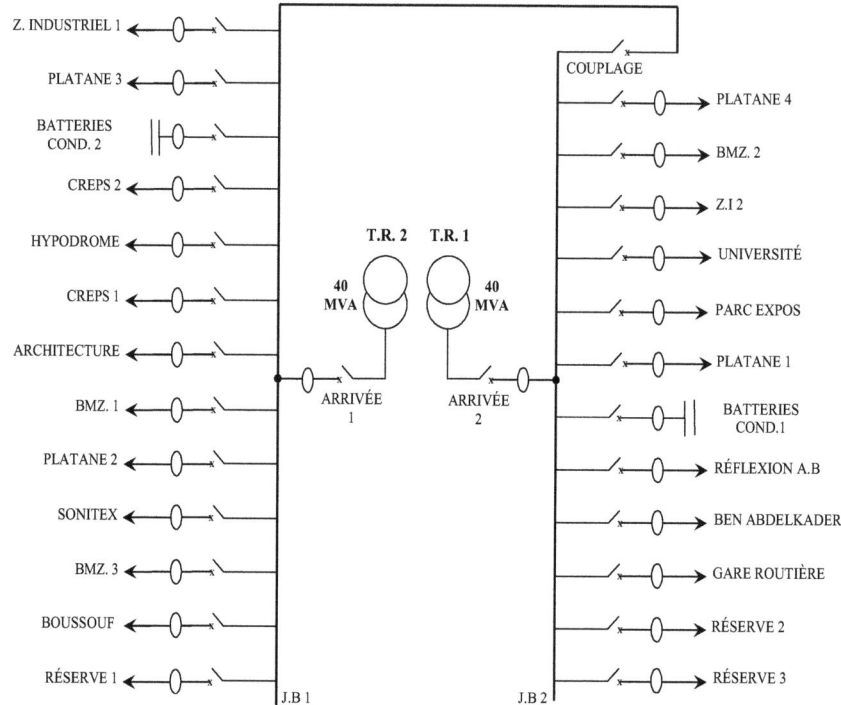

Fig. 2 - Schéma unifilaire de l'étage 10 KV au poste source CONSTANTINE SUD 60/10 KV.

1.2.3) - Caractéristiques de réseaux électrique MT

ARRIVÉES ET DÉPARTS	SECTION CÂBLE (mm²)	LONGUEUR AERIEN (m)	LONGUEUR SOUTEREN (m)	CHARGE DE POINTE (A)
ARRIVÉE T.R 1	400 - Cu	0	50	1276
ARRIVÉE T.R 2	400 - Cu	0	50	1090
ARCHITECTURE	120 - Cu	5043	18570	172
Z. INDUSTRIEL. 1	120 - Cu	1658	12679	166
Z. INDUSTRIEL. 2	120 - Cu	2474	7810	110
BOUMERZOUGE. 1	120 - Cu	570	15613	138
BOUMERZOUGE. 2	120 - Cu	190	6641	128
BOUMERZOUGE. 3	185 - Al	236	12679	20
CREPS. 1	185 - Al	0	2370	132
CREPS. 2	185 - Al	0	2370	132

PLATANE. 1	185 - Al	0	2501	224
PLATANE. 2	185 - Al	0	2501	238
PLATANE. 3	185 - Al	0	2501	74
PLATANE. 4	185 - Al	0	2501	130
RÉFLEXION A.E.B	240 - Cu	500	6708	68
GARE ROUTIÈRE	120 - Cu	160	7878	94
BENABDELKADER	120 - Cu	1717	14380	154
UNIVERSITÉ	120 - Cu	443	4964	118
PARC DES EXPOS	120 - Cu	5560	9080	138
SONITEX	120 - Cu	0	1118	106
HYPODROME	185 - Al	2415	2709	42
BATTERIES COND.1	120 - Cu	0	25	0
BATTERIES COND.2	120 - Cu	0	25	0

Tab. 4 - Caractéristiques de réseau électrique 10 KV.

2) - Poste répartition MT/MT

2.1) - Poste Répartition EL KANTARA

2.1.1) - Schémas unifilaire

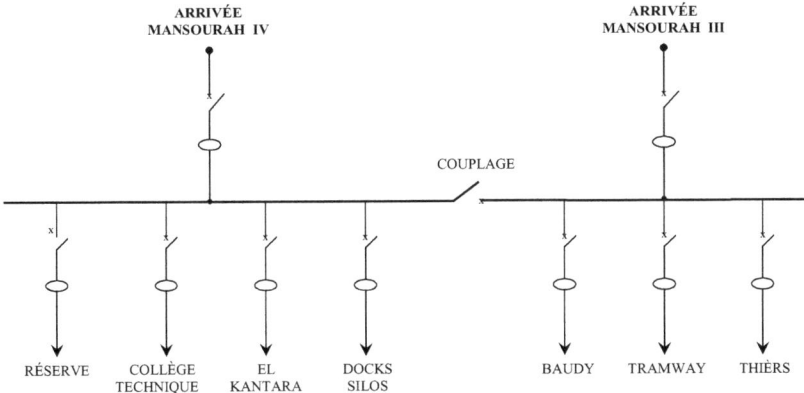

Fig. 3 - Schéma unifilaire du poste répartition 10 KV EL KANTARA.

143

2.1.2) - Caractéristiques de réseaux électrique MT

ARRIVÉES ET DÉPARTS	SECTION CÂBLE (mm²)	LONGUEUR AERIEN (m)	LONGUEUR SOUTEREN (m)	CHARGE DE POINTE (A)
ARRIVÉE T.R 1	185 - Al	0	10	182
ARRIVÉE T.R 2	185 - Al	0	10	159
BAUDY	185 - Al	1320	6153	64
COLLEGE TECHNIAU	120 - Cu	0	6635	113
TRAMWAY	185 - Al	0	0	0
EL KANTARA	120 - Cu	0	1235	70
THIERS	120 - Cu	0	2107	89
DOCS SILO	35 - Cu	0	530	0

Tab. 5 - Caractéristiques de réseau électrique 10 KV alimenté part poste EL KANTARA.

2.2) - Poste Répartition PLATANES

2.2.1) - Schémas unifilaire

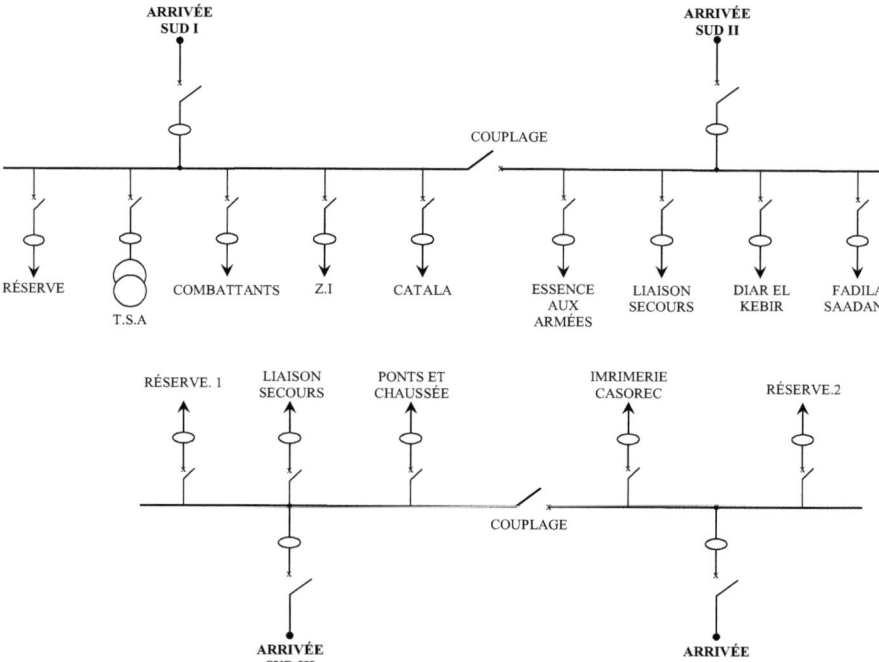

Fig.4 - Schéma unifilaire du poste répartition 10 KV PLATANE.

2.2.2) - Caractéristiques de réseaux électrique MT

ARRIVÉES ET DÉPARTS	SECTION CÂBLE (mm²)	LONGUEUR AERIEN (m)	LONGUEUR SOUTEREN (m)	CHARGE DE POINTE (A)
ARRIVÉE SUD. I (Platane. 1)	185 - Cu	0	10	224
ARRIVÉE SUD. II (Platane. 2)	185 - Cu	0	10	238
COMBATTANTS	185 - Al	0	7595	114
ZONE INDUSTRIEL	120 - Cu	0	7142	0
DIAR EL KEBIR	120 - Cu	0	0	0
ESSENCE AUX ARMÉES	185 - Al	0	5042	135
CATALA	185 - Al	0	0	0
FADILA SAADANE	185 - Al	0	5798	104
T.S.A (100 KVA)	120 - Cu	0	15	5

ARRIVÉES ET DÉPARTS	SECTION CÂBLE (mm²)	LONGUEUR AERIEN (m)	LONGUEUR SOUTEREN (m)	CHARGE DE POINTE (A)
ARRIVÉE SUD. III (Platane. 3)	185 - Al	0	10	71
ARRIVÉE SUD. IV (Platane. 4)	185 - Al	0	10	131
IMPRIMERI CASOREC	185 - Al	0	15026	131
PONT ET CHAUSÉE	120 - Cu	0	6099	71
LIAISON DE SECOURS	185 - Al	0	20	0

Tab. 6 - Caractéristiques de réseau électrique 10 KV alimenté part poste PLATANES.

2.3) - Poste Répartition BRÊCHE

2.3.1) - Schémas unifilaire

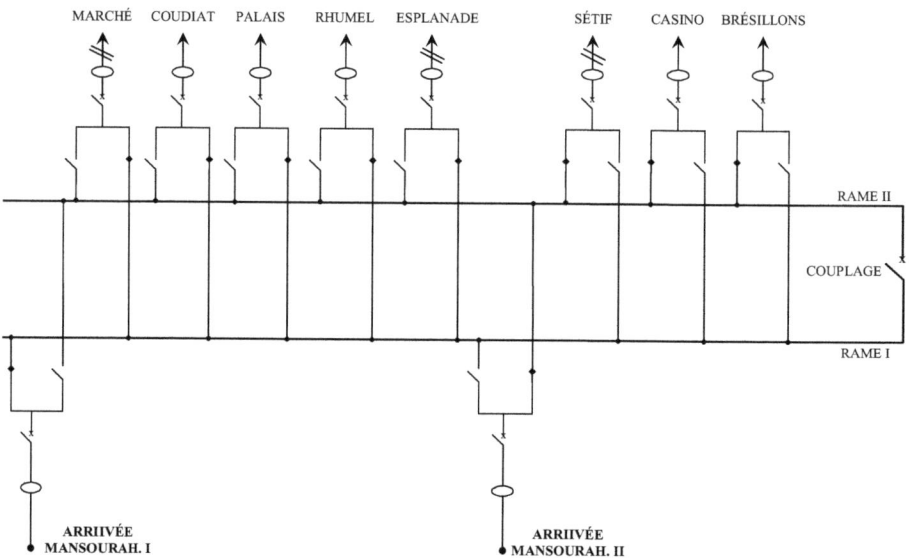

Fig. 5 - Schéma unifilaire du poste répartition 10 KV BRÊCHE.

2.3.2) - Caractéristiques de réseaux électrique MT

ARRIVÉES ET DÉPARTS	SECTION CÂBLE (mm²)	LONGUEUR AERIEN (m)	LONGUEUR SOUTEREN (m)	CHARGE DE POINTE (A)
ARRIVÉE MAN. I (Kantara.1)	185 - Al	0	10	159
ARRIVÉE MAN. II (Kantara.2)	185 - Al	0	10	182
RHUMEL	70 - Cu	3858	2921	150
CASINO	185 - Al	0	6411	153
MARCHÉ	70 - Cu	0	0	0
PALAIS	70 - Cu	0	1428	40
COUDIAT	185 - Al	0	0	0
ESPLANADE	120 - Cu	0	0	0
SÉTIF	185 - Al	0	0	0
BRÉSILLONS	120 - Cu	524	1818	195

Tab. 7 - Caractéristiques de réseau électrique 10 KV alimenté part poste BRÊCHE.

2.4) - Poste Répartition CREPS

2.3.1) - Schémas unifilaire

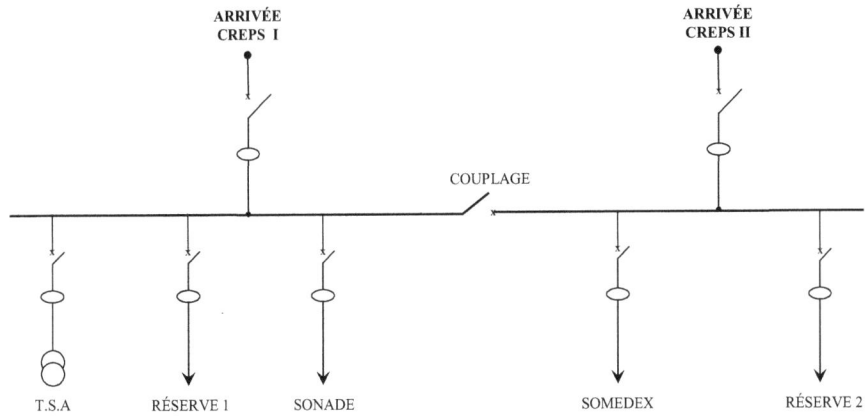

Fig. 6 - Schéma unifilaire du poste répartition 10 KV CREPS.

2.4.2) - Caractéristiques de réseaux électrique MT

ARRIVÉES ET DÉPARTS	SECTION (mm²)	LONGUEUR AERIEN (m)	LONGUEUR SOUTEREN (m)	CHARGE DE POINTE (A)
ARRIVÉE CREPS. 1	185 - Al	0	10	132
ARRIVÉE CREPS. 2	185 - Al	0	10	132
SONAD	185 - Al	0	13806	132
SOMEDEX	185 - Al	0	12374	132
T.S.A (100 KVA)	185 - Al	0	20	5

Tab. 8 - Caractéristiques de réseau électrique 10 KV alimenté part poste CREPS.

3) - Caractéristiques des câbles électriques MT

3.1) - Caractéristiques des câbles 30 KV

Caractéristiques dimensionnelles		Câble 120 mm²	Câble 300 mm²
Normes		CEI 60502-2 CEI 60332-1	CEI 60502-2 CEI 60332-1
Fabricant		PIRELLI	PIRELLI
Type		255-X-1x120 CU	255-X-1x300 CU
Ame conductrice	Matériau	Cuivre	Cuivre
	Classe	2	2
	Diamètre (mm)	12,85	20,60
Isolateur	Matériau	PR	PR
	Epaisseur (mm)	8	8
	Diamètre (mm)	30,9	30,9
	Couleur	ECRU	ECRU
Semi-conducteur	Constitution	Extrudé pelable	Extrudé plable
	Epaisseur (mm)	0,5	0,5
Ecran	Matériau	Cuivre nu rubané	Cuivre nu rubané
	Epaisseur (mm)	> 0,065	> 0,065
Gaine extérieure	Matériau	PCV	PCV
	Epaisseur (mm)	1,48	1,64
	Diamètre (mm)	36,5	45,9
	Couleur	Noir	Noir
Masse (kg/m)		2,08	4,14

Tab. 9 - Caractéristiques dimensionnelles d'un câble 30 KV.

Caractéristiques électriques		Câble 120 mm²	Câble 300 mm²
Tension nominale (kV)		30	30
Tension maximale (kV)		36	36
Impédance	Résistance en courant continu à 20°C (Ω/km)	0,153	0,0601
	Résistance en courant alternatif à 90°C (Ω/km)	0,1957	0,0786
	Inductance (Ω/km)	0,125	0,109
	Capacité (μF/km)	0,166	0,236
Pertes	Chute de tension (cos φ=0,9)	0,4	0,20
	Courant capacitif (mA/km)	0,9	1,29
Perte joule	Câble enterré (W/m)	19,7	21,9
	Câble à l'air libre (W/m)	23,6	29,5
Courant transit	Câble enterré (A)	317	528
	Câble à l'air libre (A)	347	612
Court-circuit dans le conducteur	Pendant: 0,5 sec (kA)	24,6	61,2
	Pendant: 1,0 sec (kA)	17,5	43,5
	Pendant: 2,0 sec (kA)	12,5	30,9

Tab. 10 - Caractéristiques électriques d'un câble 30 KV.

3.1) - Caractéristiques de câble 10 KV

Caractéristiques dimensionnelles		Câble 185 mm²	Câble 400 mm²
Normes		IEC 60502-2	IEC 60502-2
Fabricant		ELTEC S.A	ELTEC S.A
Type		N2XSY	N2XSY
Ame conductrice	Matériau	Cuivre	Cuivre
	Classe	2	2
	Diamètre (mm)	18,5	30,2
Isolateur	Matériau	PRC (XLPE)	PRC (XLPE)
	Epaisseur (mm)	3,4	3,4
	Diamètre (mm)	37,5	37,5
	Couleur	Noir	Noir
Semi-conducteur	Constitution	Extrudé intérieur	Extrudé intérieur
	Epaisseur (mm)	0,6	0,6
Ecran	Matériau	Cuivre nu rouge	Cuivre nu rouge
	Epaisseur (mm)	0,072	0,072
Gaine extérieure	Matériau	PVC	PVC
	Epaisseur (mm)	2,5	2,5
	Diamètre (mm)	33,0	41,0
	Couleur	Rouge	Rouge
Masse (kg/m)		2,5	4,6

Tab. 11 - Caractéristiques dimensionnelles d'un câble 10 KV.

Caractéristiques électriques		Câble 185 mm²	Câble 400 mm²
Tension nominale (kV)		10	10
Tension maximale (kV)		12	12
Impédance	Résistance en courant continu à 20°C (Ω/km)	0,160	0,070
	Résistance en courant alternatif à 90°C (Ω/km)	0,211	0,084
	Inductance (Ω/km)	0,111	0,099
	Capacité (µF/km)	0,200	0,245
Pertes	Chute de tension (cos φ=0,9)	/	/
	Courant capacitif (mA/km)	0,027	0,031
Perte joule	Câble enterré (W/m)	/	/
	Câble à l'air libre (W/m)	/	/
Courant transit	Câble enterré (A)	454	659
	Câble à l'air libre (A)	525	810
Court-circuit dans le conducteur	Pendant: 0,5 sec (kA)	30,2	70,6
	Pendant: 1,0 sec (kA)	20,0	47,0
	Pendant: 2,0 sec (kA)	15,5	40,2

Tab. 12 - Caractéristiques électriques d'un câble 10 KV.

1) - Ligne aérienne : Les intensités de courant de limite thermique (I_{LT}) indiquées dans le tableau 1 conduisant à un échauffement des conducteurs de 30°C sont données par les fabricants pour les lignes en Almelec et Aluminium-Acier, celle des lignes en cuivre sont calculées à l'aide de la formule : $I_{LT} = 21.S^{0,6}$.

Nature du conducteur	Section de la ligne (mm²)	Courant de Limite Thermique (A)
Almelec	34,4	140
	54,6	190
	75,6	240
	93,3	270
	148,1	365
	228,0	480
	288,0	550
Aluminium - Acier	75,5	175
	116,2	300
	147,1	345
	228,0	460
	288,0	525

Tableau. 1 - Courant de limite thermique dans les lignes aérienne.

2)- Câble souterrain: Le courant I_{LT} dans un câble de section (S) s'exprime approximativement par la formule $I_{LT} = K.S^{0,6}$. La valeur du coefficient (K) correspondant aux câbles courants est donnée dans le tableau. 2.

S (mm²)	Coefficient (K)											
	7	8	9	10	11	12,5	14	16	18	20	22	25
50	72	80	90	102	114	128	144	160	180	205	230	255
70	89	100	112	126	142	160	178	200	225	255	285	320
95	107	122	136	154	172	194	215	245	275	305	345	385
120	125	140	158	176	198	225	250	280	315	355	395	445
150	142	160	178	200	225	255	285	320	355	400	450	510
185	162	182	205	230	255	290	325	365	410	460	510	580
200	192	215	240	270	305	340	385	430	480	540	610	680
300	220	245	275	310	345	390	440	490	550	620	690	780
500	290	325	365	410	460	515	580	650	730	820	920	1040
630	340	380	430	480	540	610	680	760	860	960	1080	1220

Tableau. 3 - Courant de limite thermique des câbles.

1) - Forme d'un court circuit aux bornes de l'alimentation de distribution

Le réseau amont d'un court circuit peut se mettre sous la forme d'un schéma équivalent constitué d'une source de tension alternative d'amplitude constante E et d'une impédance en série Z_{cc} (voir figure 2).

Z_{cc} est l'impédance de court circuit, elle est égale à l'impédance équivalente aux câbles, aux lignes et aux transformateurs parcourus par le courant de court circuit. Toutes les impédances doivent être ramenées à la tension simple E (voir figure 1). L'impédance Z_{cc} est alors équivalente à une réactance X et une résistance R en série.

$$Z_{cc} = \sqrt{R^2 + X^2} \quad \text{avec,} \quad X = L.\omega$$

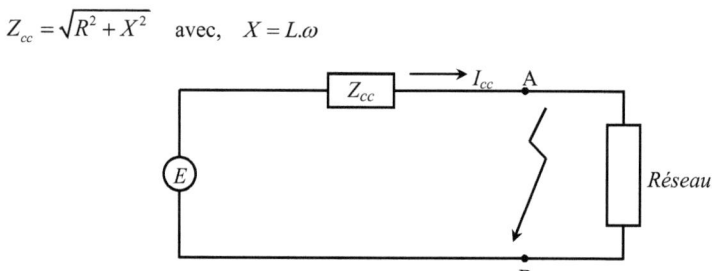

Figure 1 - Schéma équivalent du réseau amont au court circuit.

Ainsi, lors d'un court circuit on applique une tension $e = E.\sqrt{2}.\sin(\omega t + \alpha)$ à un circuit composé d'une réactance et d'une résistance en série.

α est l'angle d'enclenchement, il définit la phase de la tension à l'instant d'apparition du court circuit (voir figure 2).

Appelons φ le déphasage entre la tension et le courant en régime établi, on a alors $tg(\varphi) = \dfrac{X}{R}$. On démontre que l'expression du courant de court circuit est :

$$I_{cc} = \frac{E\sqrt{2}}{Z_{cc}} \left[\sin(\omega t + \alpha - \varphi) - \sin(\alpha - \varphi) e^{-\frac{R}{X}.\omega t} \right]$$

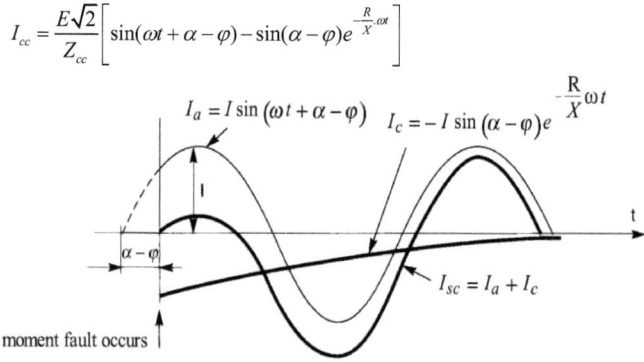

Figure 2 - Décomposition du courant de court circuit.

152

Le courant I_{CC} est donc la somme d'un courant sinusoïdal : $I_a = \dfrac{E\sqrt{2}}{Z_{cc}}.\sin(\omega t + \alpha - \varphi)$

Et d'un courant apériodique tendant vers 0 de façon exponentielle : $I_c = -\dfrac{E\sqrt{2}}{Z_{cc}}.\sin(\alpha - \varphi)e^{-\frac{R}{X}\omega t}$

La valeur efficace du courant en régime établir est donc : $I_{eff} = \dfrac{E}{Z_{cc}}$

Si l'angle d'enclenchement $\alpha = \varphi$, la composante apériodique est nulle, le régime est dit symétrique. Si l'angle d'enclenchement $\alpha = \varphi$, la composante apériodique est maximale, le régime est dit asymétrique maximal : c'est la condition qui entraîne la plus grande valeur de crête du

courant, on a alors : $I_{cc} = \dfrac{E\sqrt{2}}{Z_{cc}}\left[\sin(\omega t + \dfrac{\pi}{2}) - e^{-\frac{R}{X}\omega t} \right]$ Donc, la valeur crête maximale du courant

est donc : $\hat{I} = \dfrac{E\sqrt{2}}{\sqrt{R^2 + X^2}}.\left[1 + e^{-\frac{R}{X}.\pi} \right]$.

Remarque : En général, le rapport $\dfrac{R}{X}$ est compris : Entre 0,05 et 0,30 en HTA, et entre 0,30 et 0,60 en BT.

La théorie de composant symétrique s'applique tout aussi bien à des vecteurs tournants tels que des tensions et des courants qu'à des vecteurs fixes tels que des impédances ou des admittances même si la théorie son développé pour des tensions, elle a tout aussi peut être démontrée pour des courants ou des, impédances doit on ne mentionnera que les équations intéressantes. Les composantes symétriques permettent surtout d'étudier le fonctionnement d'un réseau polyphasé de constitution symétrique lorsque l'on branche en un de ses points un récepteur déséquilibré.

Soit parce qu'il s'agit effectivement d'une charge non équilibrée soit plus fréquemment lorsque se produit un défaut. Cette méthode est celle des *composantes symétriques* qui est applicable aux tensions, courants, puissances … etc.

Les composants symétriques comportent trois systèmes de vecteurs équilibrés, indépendants l'une de l'autre au point de vue amplitude et angle de phase. Un système triphasé déséquilibré quelconque peut être décomposé en composants symétriques [appelles système Direct (V_1), Inverse (V_2), et Homopolaire (V_0)].

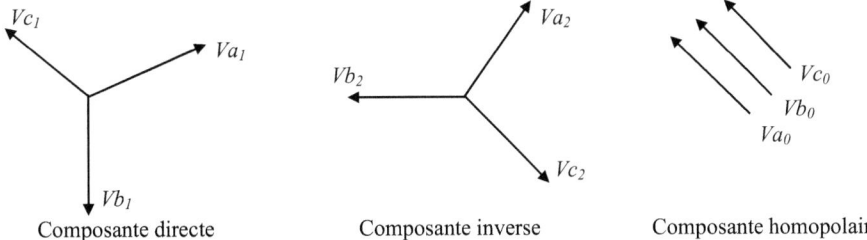

Composante directe   Composante inverse   Composante homopolaire

Figure 3- Système déséquilibré de 3 phases obtenu en 3 systèmes équilibré.

Annexe C

Calcul les Courants des Court-Circuits

3) - Calcule le courant de court circuit

Types de Défauts	Les courants électriques			Les tensions électriques		
	I_{L1}	I_{L2}	I_{L3}	V_{L1}	V_{L2}	V_{L3}
Triphasés symétriques isolé	$\dfrac{E}{Z_1}$	$a^2.\dfrac{E}{Z_1}$	$a^2.\dfrac{E}{Z_1}$	0	0	0
Biphasés isolés (Ph2-Ph3)	0	$\dfrac{E.(a^2-a)}{Z_1+Z_2}$	$\dfrac{E.(a-a^2)}{Z_1+Z_2}$	$\dfrac{2.E.Z_2}{Z_1+Z_2}$	$\dfrac{E.Z_2(a^2+a)}{Z_1+Z_2}$	$\dfrac{E.Z_2(a^2+a)}{Z_1+Z_2}$
Biphasés à la terre (Ph2-Ph3-T)	$3.E.\dfrac{Z_1+Z_0}{\alpha+\beta+\gamma}$	$\dfrac{E.\left[Z_2.(a^2-1)+Z_0.(a^2-a)\right]}{\alpha+\beta+\gamma}$	$\dfrac{E.\left[Z_1.(a-1)+Z_0.(a-a^2)\right]}{\alpha+\beta+\gamma}$		0	0
Monophasés Ph 3 à la terre ($Z_n \neq 0$)	$\dfrac{3.E}{K+3.Z_n}$	0	0	$\dfrac{3.E.Z_n}{K+3.Z_n}$		

Tableau 1 - Les courants et les tensions des phases en fonction de type de court-circuit.

Types de Défauts	Les courants symétriques			Les tensions symétriques		
	I_1	I_2	I_0	V_1	V_2	V_0
Triphasés symétriques isolé	$\dfrac{E}{Z_1}$	0	0	0	0	0
Biphasés isolés (Ph2-Ph3)	$\dfrac{E}{Z_1+Z_2}$	$\dfrac{-E}{Z_1+Z_2}$	0	$\dfrac{E.Z_2}{Z_1+Z_2}$		0
Biphasés à la terre (Ph2-Ph3-T)	$\dfrac{E.(Z_2+Z_0)}{\alpha+\beta+\gamma}$	$\dfrac{-E.Z_0}{\alpha+\beta+\gamma}$	$\dfrac{E.Z_2}{\alpha+\beta+\gamma}$	$\dfrac{E.(Z_1+Z_0)}{\alpha+\beta+\gamma}$		
Monophasés Ph 3 à la terre ($Z_n \neq 0$)	$\dfrac{E}{K+3.Z_n}$			$\dfrac{3E.(Z_2+Z_0+3.Z_n-2.Z_1)}{K+3.Z_n}$	$\dfrac{-3.E.Z_2}{K+3.Z_n}$	$\dfrac{-3.E.(Z_0+Z_n)}{K+3.Z_n}$

Tableau 2 - Les courants et les tensions symétriques en fonction de type de court-circuit.

Avec, $K = Z_1 + Z_2 + Z_0$, $\alpha = Z_1.Z_2$, $\beta = Z_1.Z_0$ et $\gamma = Z_2.Z_0$.

1) - Présentation détaillée de la cellule

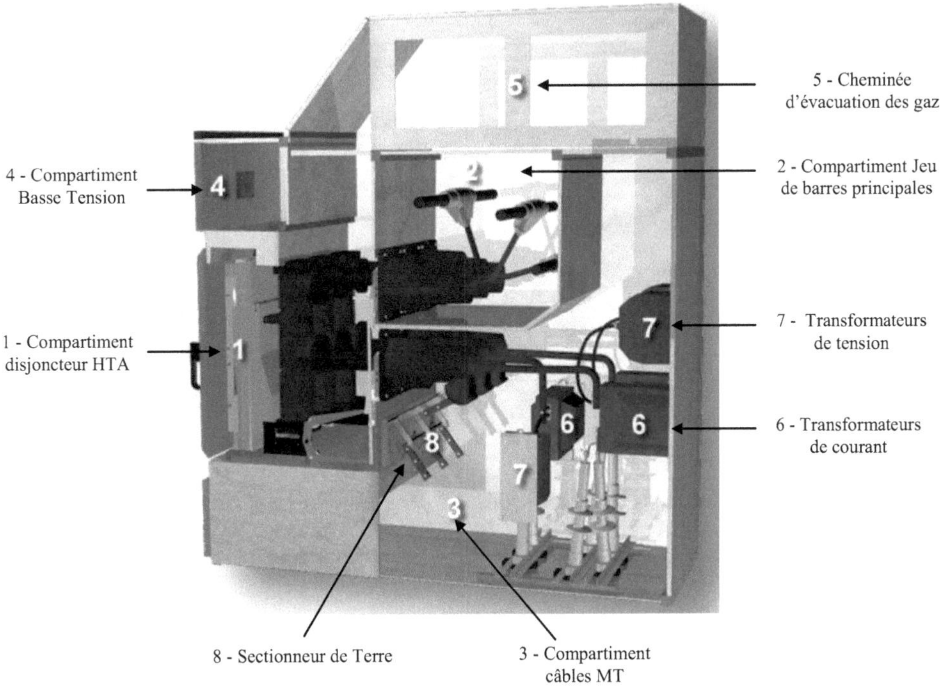

5 - Cheminée
d'évacuation des gaz

4 - Compartiment
Basse Tension

2 - Compartiment Jeu
de barres principales

1 - Compartiment
disjoncteur HTA

7 - Transformateurs
de tension

6 - Transformateurs
de courant

8 - Sectionneur de Terre

3 - Compartiment
câbles MT

Compartiment Disjoncteur

- Volets métalliques,
- Raccordés à la terre,
- Actionnés automatiquement par le chariot disjoncteur,
- Système interdisant la manœuvre manuelle des volets en option,
- Embrochage/ débrochage disjoncteur avec porte fermée,
- Disjoncteur standard au SF6 type HD4.

Compartiment Jeu de barres principales

- Jeu de barre forme tubulaire avec barres isolées,
- Jeu de barre supporté directement par les isolateurs,
- Jeux de barre boulonnés entre eux. Points de connexion isolés par protection en polycarbonate réutilisables,
- Accessible par le haut et par l'arrière,
- Isolation du jeu de barre dans l'air.

 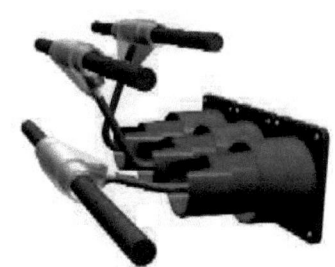

Compartiment câbles

- Extrémités de câbles traditionnelles,
- Jusqu'à 4 câbles par phase,
- Pour câbles unipolaires ou tripolaires,
- Section des câbles jusqu'à 630 mm^2,
- Accessibilité pour le raccordement des câbles par les faces avant et arrières (et par le coté lors de l'installation).

Sectionneur de terre

- Avec pouvoir de fermeture,
- Hublot de visualisation en face avant,
- Inter verrouillages mécaniques de sécurité,
- Verrouillages par clés en option,
- Verrouillages par cadenas en option,

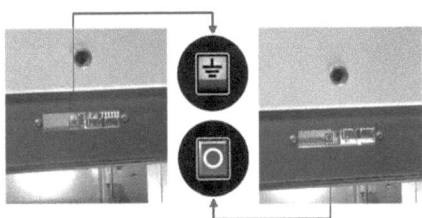 

Instrument de mesure (TP et TC)

- Transformateurs standard,
- TC de type block, dimensions conformes aux normes,
- TC de type Tore disponible,
- TP en version fixe ou débrochables, avec ou sans fusible,
- Conformité dimensions à la norme DIN 42600,
- Caractéristiques électriques selon norme CEI 60044-2.

2) - Sécurité :

- Vérifier que toutes les opérations d'installation, de mise en service et d'entretien sont effectuées par du personnel ayant une connaissance adéquate de l'appareillage et le niveau d'habilitation requis,
- Vérifier que, pendant les phases d'installation, d'exploitation et d'entretien, les prescriptions des normes et de la loi sont respectées, cela afin que les installations soient réalisées conformément aux règles de l'art et de la sécurité du travail,
- Suivre scrupuleusement les informations figurant dans le manuel d'exploitation,
- Vérifier que, pendant le service, les performances nominales de l'appareil ne sont pas dépassées,
- Vérifier que le personnel opérant sur l'appareillage dispose du manuel d'instructions et des informations nécessaires à une intervention correcte.

3) - Caractéristiques technique de la cellule :

- Tableau blindé à isolation dans l'air pour la distribution moyenne tension,
- Garantie de tenue à l'arc interne,
- Application : >24 kV & jusqu'à 36 kV,

Caractéristiques électriques :

- Tension nominale: 36 kV,
- Tension de service : 30 kV,
- Tension d'essais : 70 kV pendant 1 minute,
- Tension de choc : 170 kV,
- Courant nominal du disjoncteur : 2500 et 2500 A,
- Courant nominal de court durée : 25 kA pendant 3 seconde.

Conditions normales de service :

- Température ambiante minimale: - 5 °C,
- Température ambiante maximale: + 40 °C,
- Humidité relative maximale: 95 %.

Satisfait aux normes IEC :

- IEC 60694 pour application générale,
- IEC 60298 pour le tableau,
- IEC 62271-102 pour le sectionneur de terre,
- IEC 60071-2 pour la coordination de l'isolement,
- IEC 62271-100 pour les disjoncteurs.

Degré de protection :

- Conforme aux normes IEC 60529,
- Enveloppe extérieure IP4X,
- Enveloppe intérieur IP2X.

Dimensions compactes pour réduire l'emprise au sol :

- Version 1000 mm de large jusqu'à 1600A de courant nominal,
- Positionnement mural possible,
- Toutes les fonctionnalités accessibles par le devant.

Sécurité maximale pour assurer la continuité de service :

- Conception blindée,
- Ségrégation des compartiments par panneaux métalliques isolés.

Design moderne pour une longue durée de vie :

- Construction avec des panneaux AluZinc,
- Fixation par écrous.

4) - Disjoncteur HTA - HD4

- Disjoncteur SF6,
- Calibre 630 A,
- Version débrochable,
- Tension d'isolement 17,5 kV.

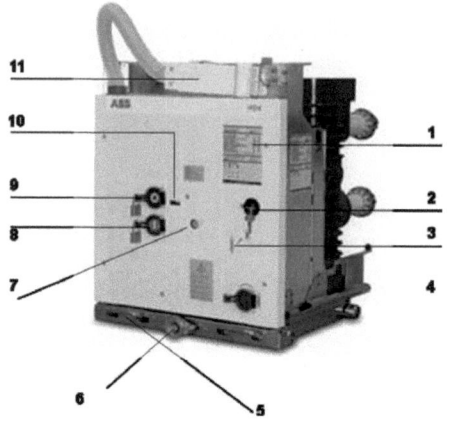

Face avant :

1 - Plaque signalétique,

2 - Clé de condamnation disjoncteur ouvert,

3 - Indicateur état du ressort de fermeture (bandé/débandé),

4 - Axe de bandage manuel des ressorts de fermeture,

5 - Poignées d'extraction,

6 - Axe d'embrochage/débrochage,

7 - Indicateur de position (ouvert/fermé),

8 - Bouton poussoir fermeture,

9 - Bouton poussoir d'ouverture,

10 - Compteur de manœuvre,

11- Prise mobile des auxiliaires.

Face arrière

1 - Pôle SF6

2 - Tulipes d'embrochage

3 - Chariot mobile

Mécanisme disjoncteur

1 - Bobine de fermeture,

2 - Bobine d'ouverture à manque de tension,

3 - Bobine d'ouverture à émission de tension,

4 - Bobine de verrouillage de la fermeture,

5 - Bloc de contact auxiliaire,

6 - Axe de réarmement manuel,

7 - Contact de coupure ressort bandé,

8 - Indicateur de position (ressort armé),

9 - Contact de signalisation ressort armé (option),

10 - Indicateur de position disjoncteur.

Désignation	Code
Protection de distance	21
Synchro check	25
Surcharge	26
Minimum de tension composée	27
Minimum de tension simple	27 S
Minimum de tension directe	27 D
Maximum de puissance active directionnelle	32 P
Maximum de puissance réactive directionnelle	32 Q
Maximum de puissance wattmérique homopolaire	32 N
Minimum de courant phase	37
Minimum de puissance active directionnelle	37 P
Minimum de puissance réactive directionnelle	37 Q
Maximum de composante inverse	46
Maximum de tension inverse	47
Image thermique (température)	49
Maximum de courant phase instantanée	50
Défaillance de disjoncteur	50 BF
Minimum de courant terre instantanée (3TC phase)	50 N
Minimum de courant terre instantanée (TC tore)	50 G
Maximum de courant terre temporisée (3TC phase)	51 N
Maximum de courant terre temporisée (TC tore)	51 G
Limitation du nombre de démarrages	66
Maximum de courant phase directionnelle	67
Minimum de courant terre directionnelle (Neutre)	67 N
Réenclencheur	79
Minimum de fréquence	81 L
Différentielle transformateur	87 T

161

Printed by Books on Demand GmbH, Norderstedt / Germany